职业教育"城市轨道交通专业"一体化课程改革创新示范教材

城市轨道交通电力监控系统

李冰涛　孟宪庄　主编

西安电子科技大学出版社

内 容 简 介

本教材由 4 个项目组成。项目 1 为用微控制器处理数据，其中包含 5 个任务，分别是了解 SCADA 系统、微控制器对电气设备的控制、理解串口通信、监控软件组态微控制器实现遥信与遥控功能、监控软件组态微控制器实现遥测与遥调功能。项目 2 为用 PLC 处理数据，其中包含 5 个任务，分别是使用 S7-200 SMART 前的准备工作、监控软件组态 SMART 实现遥信与遥控功能、监控软件组态 SMART 实现遥测与遥调功能、用 SMART 组态文本显示器、使用 SMART 通过 RS485 采集数据。项目 3 为监控软件的应用设置，其中包含 4 个任务，分别是设置报警与权限、设置报表与曲线、制作变电所主画面、实现网络连接。项目 4 为实训示例，其中包含 4 个任务，分别是认识轨道交通供电实训室设备、探究 ST700 组件式直流微机综合保护装置、PSCADA 系统科目训练、ISCS 系统科目训练。

本书可作为城市轨道交通供电专业城市轨道交通电力监控系统课程的教学用书，也可作为城市轨道交通供电专业技术人员入门级培训教材和供电职工自修的参考用书。

图书在版编目(CIP)数据

城市轨道交通电力监控系统 / 李冰涛，孟宪庄主编. —西安：西安电子科技大学出版社，2022.2

ISBN 978-7-5606-6331-9

Ⅰ.①城… Ⅱ.①李… ②孟… Ⅲ.①城市铁路—轨道交通—电力监控系统—教材 Ⅳ.①U239.5

中国版本图书馆 CIP 数据核字(2021)第 260875 号

策划编辑　秦志峰
责任编辑　张紫薇　秦志峰
出版发行　西安电子科技大学出版社(西安市太白南路 2 号)
电　　话　(029) 88202421　88201467　　　　邮　　编　710071
网　　址　www.xduph.com　　　　　　　　电子邮箱　xdupfxb001@163.com
经　　销　新华书店
印刷单位　陕西博文印务有限责任公司
版　　次　2022 年 2 月第 1 版　　2022 年 2 月第 1 次印刷
开　　本　787 毫米×1092 毫米　1/16　印张 18.25
字　　数　435 千字
印　　数　1～2000 册
定　　价　53.00 元
ISBN　978-7-5606-6331-9 / U

XDUP 6633001-1
***如有印装问题可调换

前　　言

　　"城市轨道交通电力监控系统"是城市轨道交通供电专业的核心课程，本课程注重培养学生对所学专业知识的综合应用能力。自动化监控系统是计算机通信与网络等前沿技术在生产实践中的应用，所以通过对该课程的学习，也能提升学生的实践创新能力。

　　本教材由 4 个项目组成。项目 1 是用微控制器处理数据，这部分内容主要是使用 Arduino 板，理解微控制器是如何处理电气设备上的数据的。项目 2 是用 PLC 处理数据，通过学习使用 S7-200 SMART 理解 PLC 是如何处理电气设备上的数据的。通过这两部分的学习可以深入理解 SCADA 系统中"间隔设备层"的作用。项目 3 为监控软件的使用，这部分内容是通过对组态王软件的学习理解监控软件是如何实现对电气设备的远程控制的。通过这部分的学习可以深入理解 SCADA 系统中"站级管理层"的作用。项目 4 为实训示例，这部分内容是通过对现场设备的操作体会前面学到的知识与技能是如何运用到现场设备上并组合成 SCADA 系统的。

　　本教材将其涉及的所有知识分解到十八次课堂教学中，每次的教学内容教师都可以用器件演示出来给学生看，对于有条件的学校，学生也可以跟着动手操作。

　　通过本课程的学习，学生不但能够熟练操作城市轨道交通电力监控系统的设备，而且对城市轨道交通电力监控系统的结构与工作原理能够有清楚的理解，具备对电力监控系统设备维修、维护的能力。

　　本教材的编写实现了以下两个目标：

一、所有学习内容都可以实际操作

　　这也是本教材的最大特色——所有的知识点都可以进行相应的实验。有条件的学校可以让每位学生都动手实践。为此，教材中对实践操作部分尽量解释清楚，操作步骤尽量讲解详细，且少用文字多用图示说明。同学们可以看着教材自己做出结果、得出结论，如果实践中出现问题，尝试自己解决，真正实现在做中学、在学中做。这种方法更加适合职业院校学生的学习。

二、实验器件尽可能选用常用器件、通用器件

　　城市轨道交通电力监控系统可以说代表了当今自动化监控系统最新的技术。各种最新技术的使用，给本课程的教学带来了挑战，要求教师及时进行新知识、新技能的学习。但同时也应当意识到，正是由于高新技术的应用，使得过去难以解决的技术问题，现在变得容易实现了。如使用微控制器采集数据，如果直接使用单片机，需要 C 语言编程知识，学生接受起来比较困难。我们在教学中使用了 Arduino 板，此板既可以采集数字量，又可以采集模拟量，且有丰富的串口通信功能，使用起来非常方便。在 PLC 教学方面，使用了 S7-200 SMART。此 PLC 本身就带有网络通信接口，使用起来也非常方便。更重要的是，这两种器件的编程简单。PLC 使用的是梯形图，而 Arduino 板更是使用中文的模块编程就

可以完成所需的学习内容。学生无需在编程上花费力气，只要把精力专注于功能的实现，从而大大提高学习效率。

此外，在监控软件的学习中，选用的是中文软件组态王，此软件属于通用型组态软件，网上学习资料多，使用起来相对简单。

当然，学习轨道交通电力监控系统，一个重要的环节是要熟悉地铁公司的电力监控设备。学院如果有轨道交通电力监控实训室，学生可以在学习系统的原理知识后，再去实训室进行练习，这样效果最好。我国各城市地铁公司的电力监控设备都不相同，况且地铁电力监控系统是一个新的技术领域，设备更新换代快、集成化程度高。所以实训部分课程内容主要是给教师提供一个根据实际教学需求将实训科目转换为实训课程的方法。

因为每个学院的实训设备不尽相同，所以这部分没有安排过多的内容，教师可以根据自己学院的设备情况进行增删。同时考虑到城市轨道交通电力监控系统的设备复杂、技术先进，且不是所有学校都有相应的实训设备，在教学中尽量采用常用器件、通用器件，使不具备这些设备的学院也可以开设本课程，并进行演示教学和实训操作，使得本教材更具实用性、通用性，这也是我们编写本教材的初衷。

城市轨道交通电力监控系统是一个新的教学领域，希望本教材能够对本课程的教学改革起到积极的推动作用，为轨道交通电力专业培养更多合格的人才做出贡献。

本教材在编写过程中，得到了徐州技师学院轨道交通分院领导的大力支持，分院院长田爱军、副院长陆广华参与了教材编写大纲的讨论。轨道交通学院的王德铭老师审阅了教材并提出许多宝贵意见，徐州地铁公司的巩宁工程师给予了许多指导，在此表示衷心的感谢。

本教材由江苏省徐州技师学院的李冰涛和孟宪庄担任主编，负责策划和组织编写工作。其中，项目1由李冰涛编写，项目2由孟宪庄编写，项目3由王庆编写，项目4由踪灿、杨影丽和牛园园编写。

限于篇幅，本教材许多任务只讨论到主要功能的实现，其实许多内容都是可以扩展的。如微控制器模块的使用，教材中只讨论了一个数字量和模拟量的控制情况，两个或是多个数字量和模拟量的控制如何实现？两个或是多个微控制器用组态软件如何进行组态？其间要注意哪些问题？这些都没有详细讨论。如果教学时间宽裕，师生可以一起继续探讨。

另外在"思考与练习"环节，对一些任务的扩展也有提示，如果有任何问题，欢迎联系编者(编者的邮箱：bingtaoli2005@126.com)一同探讨。

本教材的编写参阅和借鉴了大量的文献、论文和论著，在此特向这些参考文献的作者表示衷心的感谢。由于编者水平有限，教材中错误或不当之处在所难免，恳请广大读者批评指正。

作　者
2021年5月写于徐州技师学院

目　　录

项目 1　用微控制器处理数据

城市轨道交通综合监控系统是一个高度集成的综合自动化监控系统，其作用是通过集成地铁多个主要弱电系统实现各系统之间的信息共享和协调互动。

城市轨道交通电力监控系统属于城市轨道交通综合监控系统的子系统。电力监控系统由站级管理层、网络通信层和间隔设备层三部分组成，其中间隔设备层起到采集远端设备数据并控制远端设备的作用。当前轨道交通电力监控系统的间隔层设备主要使用的是微控制器和可编程逻辑控制器(Programmable Logic Controller，PLC)。

在本项目中，我们将具体学习微控制器是如何采集现场设备数据并对设备进行控制的。

任务 1-1　了解 SCADA 系统

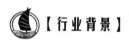 【行业背景】

城市轨道交通系统是电力驱动的车辆运输系统，具有运量大、耗能少、快捷、准时、污染轻、占地少等特点，它对缓解城市交通拥堵、改善城市居民出行、建设绿色城市，具有重要意义。目前我国城市轨道交通事业拥有前所未有的良好发展环境和发展机遇。

1. 城市轨道交通综合监控系统

随着计算机技术、网络技术的高速发展，我国的轨道交通已迅速步入了网络化发展时代。城市轨道交通综合监控系统(Integrated Supervisory Control System，ISCS)是一个高度集成的轨道交通机电设备综合自动化系统。

城市轨道交通综合监控系统通过统一的用户界面，形成统一的接口层硬件平台和软件平台，从而实现对地铁主要电气设备的集中监控和管理。利用城市轨道交通综合监控系统，运营管理人员能够更加方便、有效地监控和管理整条线路的运作情况，从而提高轨道交通的运营效率、安全性，并提高服务质量；设备维修人员也能够实时观察设备的运行情况，并通过报警系统及时对故障设备进行维修，提高了设备工作的可靠性。图 1-1-1 所示为轨道交通综合监控系统的中央调度大厅。

图 1-1-1　综合监控系统的中央调度大厅

总之，综合监控系统可以极大地提高轨道交通的运营效率和运营可靠性。

2. 城市轨道交通电力监控系统

城市轨道交通电力监控系统是由设置在控制中心的电力监控调度系统和设置在地铁沿线变电所(包括牵引降压混合变电所、降压变电所、主变电所)的综合自动化系统以及联系它们的通信通道构成的。其中控制中心的电力调度系统作为一个子系统纳入综合监控系统。变电所综合自动化系统的功能在本系统完成，在主变电所、牵引降压混合变电所和降压变电所内设置变电所综合自动化盘，对本所供电系统设备的运行状况及运行环境进行监控。

电力监控系统将各种先进信息技术集于一体，实现对变电系统设备(如交流进线回路、联络回路、馈线回路、变压器、整流回路、直流进线回路和直流馈线回路等)的运行情况执行监视、测量、控制和协调，通过系统内各设备间相互交换信息、数据共享，完成变电所的远程监视和控制任务，并实现对故障的分析和诊断以及系统的修复与维护等功能。

在车辆段综合基地供电车间调度室内还设置有电力监控系统复示终端，以监视全线供电系统的运行情况，该终端纳入综合监控系统(ISCS)。图 1-1-2 所示为电力监控系统集中控制台设备。

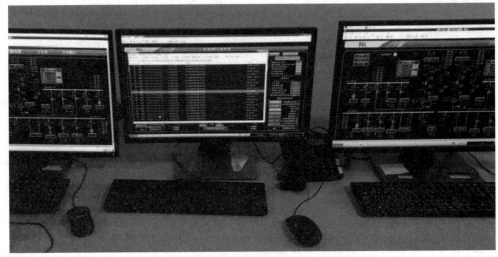

图 1-1-2　电力监控系统集中控制台设备

🌲 【相关知识】

1. ISCS 的结构组成及功能原理

1) ISCS 结构组成

ISCS 采用冗余、分层、分布式 C/S 结构和 TCP/IP 协议，并采用行之有效的故障隔离和抗干扰措施。ISCS 采用两级管理三级控制的分层分布式结构，其中两级管理分别是中央级和车站级，三级控制分别是中央级、车站级和现场级(也称就地级)。

ISCS 由位于中央监控中心(Operation Control Center，OCC)的中央综合监控系统、位于各车站的车站综合监控系统以及位于车辆段的车辆段综合监控系统等组成。

(1) 冗余结构：对轨道交通监控系统的可靠性要求高，且各个专业子系统都要在同一套系统上运行和维护，故轨道交通综合监控系统均采用冗余设计。冗余机制涉及中央主备实时服务器之间、中央主备历史服务器之间、车站主备实时服务器之间、车站主备工作站之间、中心主备前端处理器(Front-End Processor，FEP，也叫通信前置机)之间和中央局域网双网之间。不仅包括硬件设备和相应的软件，还包括运行的功能以及数据流程，都是冗余的。多重冗余机制使得系统在任何单点故障和交叉故障时，都不影响 ISCS 运行。冗余配置的中央服务器按照集群方式运行(设备不分主备，均衡负载，仅仅任务模块区分值班和备用)，冗余配置的交换机和 FEP 等设备按照主备方式运行(设备区分值班和备用)。

(2) 分层结构：综合监控系统无论硬件、软件还是功能和运营，都根据不同的特性进行了不同层次的划分。如中央级一般控制轨道交通全线，监控范围较广，响应时间为秒级。就地级一般控制某一设备，监控范围较小，响应时间为毫秒级。各层既相互联系又相对独立，如车站级与就地级通过 FEP 连接，中央级和车站级通过骨干网连接，相互之间可以交换数据但是又不存在干扰。

(3) 分布式 C/S 结构：C/S 结构即客户端/服务器结构，在轨道交通系统，客户端又称为工作站。在这种结构中，服务器负责提供和管理网络中的数据资源，工作站用来访问服务器提供的资源。服务器作为网络的核心，一般使用高性能的计算机并安装网络操作系统，可以更好地进行访问控制和安全管理，使网络性能更好，访问效率更高。

(4) 故障隔离和抗干扰措施：综合监控系统采用硬件 FEP 将车站 ISCS 和就地级设备进行隔离，使得子系统和 ISCS 系统既相互联系又相互独立。一方面，子系统的异常不会影响 ISCS 的运行，使子系统的数据干扰范围得到控制。另一方面，ISCS 系统的不正常不会影响各个子系统的运行，即使 ISCS 全部瘫痪，各个子系统仍能继续正常工作，保证轨道交通基础层的监控功能。

城市轨道交通综合监控系统结构示意图如图 1-1-3 所示。

2) ISCS 硬件构成

(1) 中央级综合监控系统(CISCS)：中央级综合监控系统由实时服务器、历史服务器、中央以太网交换机、各类工作站、FEP、打印机、综合显示屏等构成。CISCS 完成全线重要监控对象的状态、性能数据的实时监视和控制。通过 OCC 综合监控设备室以太网交换机的 1000Mb/s 光纤以太网接口与通信主干网连接。

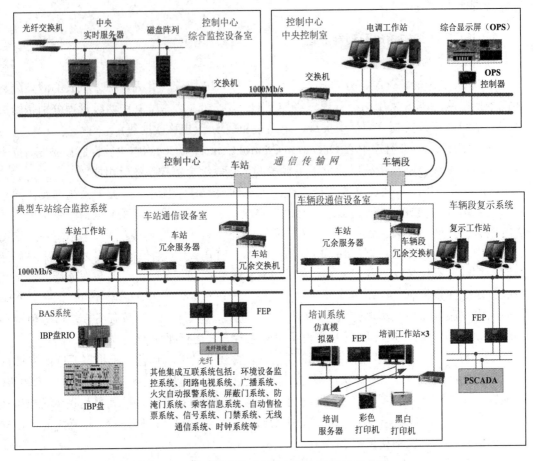

图 1-1-3　城市轨道交通综合监控系统结构示意图

(2) 车站级综合监控系统(SISCS)：也称车站综合监控系统，由车站冗余服务器、车站以太网交换机、工作站、FEP、综合后备盘(IBP)等构成。SISCS 完成对本站监控对象的状态、性能数据进行实时收集和处理，通过操作员工作站以图形、图像、表格和文本的形式显示出来，供车站值班人员控制和监视。当中央级和主干网络发生故障时，车站级仍可对车站范围内继续进行控制。通过车站以太网交换机的 1000Mb/s 光纤以太网接口与通信主干网连接。环境与设备监控子系统(BAS)、电力监控子系统(PSCADA)、屏蔽门(PSD)等系统与 ISCS 在车站级集成，不间断电源(UPS)等系统与 ISCS 在车站级互联。

车辆段综合监控系统与车站综合监控系统一样，都属于第二层车站级 ISCS，只是配置有所不同。

(3) 现场级控制层设备：综合监控系统所集成的环境监控系统(BAS)、广播系统(PA)、闭路监视系统(CCTV)、电力监控系统(PSCADA)、火灾报警(FAS)、乘客信息系统(PIS)等系统的就地设备构成 ISCS 硬件结构的第三层。

(4) 综合监控系统主干光纤网络：主干网由 ISCS 采用工业级千兆以太网交换机根据通信专业提供的 8 芯单模光纤(上下行各 4 芯光纤)自行组建，在控制中心、停车场、车辆段以及全线各车站组成冗余 1000Mb/s 光纤环网。

3) ISCS 软件与网络构成

ISCS 的软件构成从体系结构的角度分为系统软件、支撑软件和应用软件三层，从数据流程的角度分为数据接口层、数据处理层和人机接口层。

数据接口层主要由 FEP 完成，专门用于数据采集和协议转换。FEP 采用嵌入式实时操作系统，具备协议转换能力。ISCS 系统通过 FEP 接收接入系统的信息并对无关的访问进行隔离。FEP 具有转换各种硬件接口、软件协议的能力，接入系统通过 FEP 将数据传入 ISCS 系统，同时 FEP 还起到隔离综合监控系统和相关系统的作用。

数据处理层主要由车站服务器和中心服务器组成，车站服务器完成数据的第二次处理和收集，将各车站 FEP 和中心 FEP 的数据进行集中和处理，供车站 ISCS 的人机界面显示和操作，收集的是车站范围内的数据；中心服务器除了完成本中心的数据处理和收集外，还要完成数据的第三次集中和处理，供控制中心的 ISCS 人机界面显示和操作，收集的是全线范围内的数据。

人机接口层是 ISCS 提供的用于人机交互的图形接口，ISCS 可以通过该接口向操作员显示设备状态信息、运行信息、故障信息、报警信息和统计报表信息等，同时操作员可借助系统提供的一系列工具，在操作员工作站对远程的设备进行监视、设置、控制等。

ISCS 软件结构如图 1-1-4 所示。

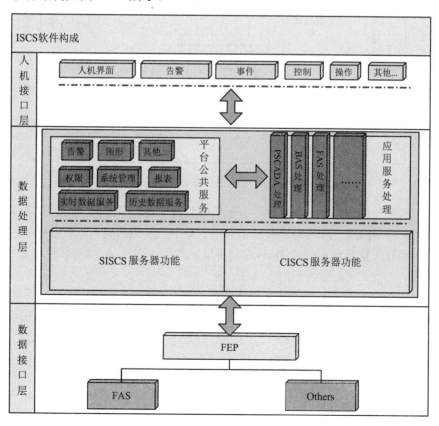

图 1-1-4　ISCS 软件结构

网络系统是综合监控系统的数据传输通道，现场层网络将各个监控对象连接起来汇集到车站级局域网，各个车站局域网将车站设备连接起来通过主干网汇集到控制中心。从物理结构的角度，网络系统可以分为中央级局域网、主干网、车站级局域网和就地级网络；从应用类型的角度，网络系统可分为主干层、局域层(包括中央层、车站层、接口层)和现场层。综合监控系统网络结构如图 1-1-5 所示。

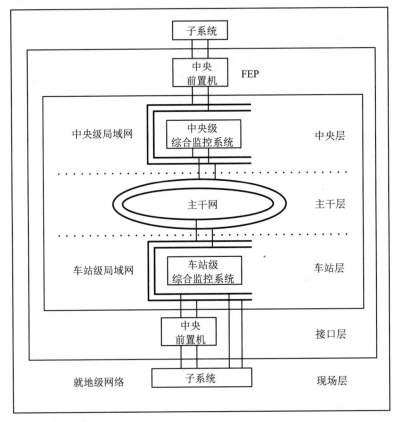

图 1-1-5 综合监控系统网络结构

(1) 主干层：主干层用于控制中心、车辆段与各车站、停车场局域网的互联。系统主干网由 A、B 网络构成，两网为热备工作方式。其中，A 网的交换机状态能通过 B 网进行状态监视和远程配置管理，反之 B 网的交换机状态也能通过 A 网进行状态监视和远程配置管理。

主干网由 ISCS 采用工业级千兆以太网交换机根据通信专业提供的 8 芯单模光纤(上下行各 4 芯光纤)自行组建，在控制中心、停车场、车辆段以及全线各车站组成冗余 1000 Mb/s 光纤环网。

(2) 局域层：局域层由控制中心局域网、各车站局域网、车辆段(停车场)局域网、网络管理系统(NMS)以及综合维修管理系统(DMS)等局域网组成。

控制中心局域网为中央级局域网，采用冗余的 1000Mb/s 交换式工业以太网，符合 IEEE802.3 标准，采用 TCP/IP 协议。中心采用千兆工业以太网交换机，分别配置千兆以太网光口、千兆以太网电口和百兆以太网电口，千兆口分别连接中心级实时服务器、历史服务器、主干网络等，百兆以太网口连接前端处理器、操作员工作站、网络打印机等其他设备，中心互联的系统通过 10/100M 以太网口或 422/485/232 串口接入 FEP。

各车站级局域网采用冗余的 100/1000Mb/s 交换式工业以太网，符合 IEEE802.3 标准，采用 TCP/IP 协议。车站级局域网采用工业以太网交换机，通过千兆以太网光口连接主干网络，通过千兆以太网电口连接车站级服务器，通过百兆以太网口连接车站级工作站和其他设备。各集成(包括 PSCADA、BAS、PSD)子系统及界面集成的门禁(ACS)子系统通过车站级 ISCS 10/100M 自适应以太网口接入站级交换机；各界面集成及互联子系统通过 10/100M 自适应以太网口或 422/485/232 串口接入站级 FEP。

(3) 现场层：现场层包括 BAS、PSCADA、PSD 等子系统的控制层网络，一般采用工业控制以太网或现场总线方式。

4) ISCS 的功能与工作原理

综合监控系统(ISCS)是一个高度集成和互联的网络系统，通过网络提供用户自动、手动控制和监视 PSCADA、自动售检票(AFC)、FAS、PAS 等子系统设备，通过人机界面，用户可以清楚地了解整个系统的运行状况。另外，系统还提供了报警、事件查询等功能，具体功能如图 1-1-6 所示。

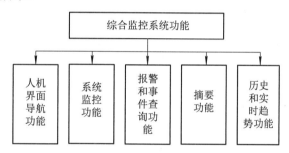

图 1-1-6　综合监控系统功能

综合监控系统的工作原理可以分为两部分叙述，一部分是数据信息的采集，另一部分是遥控指令的下达。

(1) 数据信息的采集：通讯前置机通过以太网将子系统或子专业数据采集上来，进行协议转换，协议转换完成后将数据传给服务器，服务器将处理过的数据信息通过工作站的组态画面显示出来，供用户进行现场设备状态的监视，同时站级服务器将处理后的数据通过交换机发送给中央级综合监控系统，供调度人员对现场设备状态进行监控。

(2) 遥控指令的下达：操作人员将要发送的指令通过工作站发送给服务器，服务器接收指令后将该指令内容进行处理，处理完成后将指令内容传给通讯前置机，前置机经过数据打包和协议转换后将指令信息数据发送给就地设备控制器或者 PLC，控制器或者 PLC 根据接收的指令进行相应的动作，并将动作结果按原通道反馈给综合监控系统。

2. 城市轨道交通 SCADA 系统的历史与发展

1) SCADA 系统简介

SCADA(Supervisory Control And Data Acquisition)系统，即数据采集与监视控制系统。SCADA 系统是以计算机技术为基础的生产过程控制与调度自动化系统。它可以对现场的运行设备进行监视和控制，以实现数据采集、设备控制、测量、参数调节以及各类信号报警等各项功能。

SCADA 系统的应用领域很广，它可以应用于电力系统、给水系统、石油、化工等诸多领域的数据采集与监视控制以及过程控制等。因为各个应用领域对 SCADA 的要求不同，所以不同应用领域的 SCADA 系统发展也不完全相同。

2) 工业现场的 SCADA 系统

SCADA 系统作为生产过程和事务管理自动化最为有效的计算机软硬件系统之一，由 3 部分组成：①过程监控与管理系统，即上位机。②数据采集与控制终端设备，也就是通常所说的下位机。③数据通信网络，包括上位机网络系统、下位机网络系统以及将上、下位机系统连接的通信网络，其组成如图 1-1-7 所示。

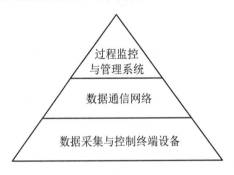

图 1-1-7　SCADA 系统的组成

SCADA 系统将这三部分系统的功能有效地集成在一起，构成了强大的 SCADA 系统，完成对整个过程的有效监控。SCADA 系统广泛采用"管理集中、测控分散"的集散控制思想，因此，即使上、下位机通信中断，现场的测控装置仍然能正常工作，确保系统的安全和可靠运行。

SCADA 系统结构如图 1-1-8 所示。

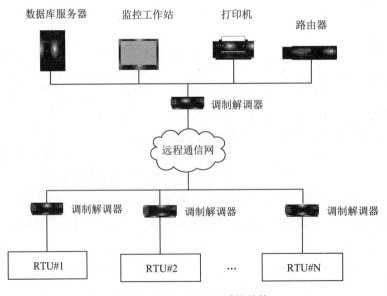

图 1-1-8　SCADA 系统结构

(1) 过程监控与管理系统(上位机系统)：通常包括 SCADA 服务器、工程师站、操作员站、Web 服务器等，这些设备通常采用以太网联网。

上位机即监控机，通过网络与在测控现场的下位机通信，它具有人机接口(HMI)画面的组态功能。SCADA 系统在上位机的显示屏上将所有 RTU(Remote Terminal Unit，远程终端单元)及其连接的传感器、变送器和执行器及其属性表达出来，将它们实时状态以声音、图形、报表等形式显示给用户，使用户可以在屏幕上对 RTU 进行直接操作，达到监视现场设备的目的。上位机还可以接受操作人员的指示，将控制信号发送到下位机中，达到远程控制的目的。

(2) 数据采集与控制终端设备(下位机系统)：主要为 RTU，它是 SCADA 系统的重要组成单元。RTU 可以将测得的状态或信号转换成可在通信媒体上发送的数据格式，它也可以将中央计算机发送来的数据转换成命令，实现对设备的远程控制。RTU 应该至少具备两种功能，数据采集及处理和数据传输(网络通信)。

RTU 本质上是一个带有微处理器的专用接口设备，一端与连接上位机的通信链路相连，一端与现场的传感器、执行器件和过程计算装置接口相连。RTU 的主要配置有 CPU 模块、I/O(输入/输出)模板和通信接口单元。它能否执行任务流程取决于下载到 CPU 中的程序，CPU 的程序可以用工程中常用的编程语言编写，如梯形图、C 语言等。

I/O 通道是 RTU 与现场信号的接口，这些接口在符合工业标准的基础上有多种样式，满足多种信号类型。RTU 具有多个通信端口，支持多个通信链路，包括以太网和串口(RS232/RS485)。通信协议采用 Modbus RTU、Modbus ASCII、Modbus TCP/IP 等标准协议，具有广泛的兼容性。

(3) 通信网络：通信网络实现 SCADA 系统的数据传输，是 SCADA 系统的重要组成部分。与一般的过程监控相比，通信网络在 SCADA 系统中扮演的角色更为重要，这是因为 SCADA 系统监控的过程大多具有地理分散的特点，如无线通信基站系统的监控、电力远动系统的监控等。一个大型的 SCADA 系统包含多种层次的网络，如设备层总线、现场总线等。在控制中心有以太网，而连接上、下位机的通信形式更是多样，既有有线通信，也有无线通信，有些系统还有微波、卫星等通信方式。

3) 城市轨道交通电力监控系统(SDACA)

城市轨道交通电力监控系统又称电力 SCADA 系统或者远动系统，通常简称 SCADA 系统，有时也称 PSCADA 系统。

城市轨道交通 SCADA 系统(以下简称 SCADA 系统)是指将变电所的二次设备经过功能的组合与优化设计，利用先进的计算机技术、现代电子技术和通信技术，实现对全变电所的主要一次设备和输、配电线路的自动监视、测量、自动控制和微机保护，以及与调度通信等综合性的自动化功能。

变电所电气设备由一次设备和二次设备组成。一次设备是指直接用于生产、输送和分配电能的高压电气设备。如 35 kV GIS 开关柜、变压器、断路器与隔离开关等，设备实物如图 1-1-9 所示。

35 kV GIS 开关柜　　变压器　　1500 V 直流开关柜　　隔离开关　　电力电缆

图 1-1-9　变电所一次设备实物

变电所二次设备是指对一次设备的工作进行监测、控制、调节、保护的低压电气设备。如 35 kV 综合测控保护装置(简称综保)，温控仪、测量仪表等，设备实物如图 1-1-10 所示。

35 kV 综保　　　　温控仪　　　　测量仪表　　　　操作开关

图 1-1-10　二次设备实物

城市轨道交通 SCADA 系统采用集中管理、分散布置的模式，为分层分布式系统结构。系统由站级管理层(简称站控层)、网络通信层(简称网络层)、间隔设备层(简称设备层)组成。系统以变电所供电设备为对象，采用微机技术将传统变电所的二次设备功能进行整合，实现对变电所的自动监视、测量、保护、控制、通信和统一数据管理，并通过与通信系统接口，实现与控制中心电力监控调度系统连通。苏州轨道交通一号线 SCADA 系统结构示意图如图 1-1-11 所示。

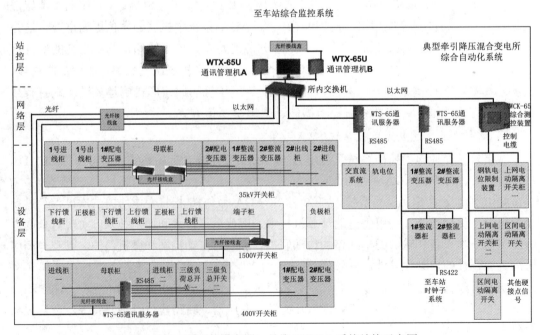

图 1-1-11　苏州轨道交通一号线 SCADA 系统结构示意图

SCADA 系统通过冗余的主控单元实现与综合监控系统的通信，通过 SCADA 系统接受综合监控系统的控制命令；向综合监控系统传送变电所操作、事故、预告、测量等信息。当综合监控系统出现故障时，SCADA 系统仍然可以独立正常运行。

SCADA 系统采用三级控制方式，即远程控制、所内控制信号盘上集中控制、设备本体控制。三种控制方式相互闭锁，以达到安全控制的目的。正常控制方式为远程控制，控制权限在控制中心，在维修或紧急情况下，可采用控制信号盘集中控制、设备本体控制等两种控制方式之一。

城市轨道交通 SCADA 系统的站级管理层、网络通信层和间隔设备层三层结构如图 1-1-12 所示。

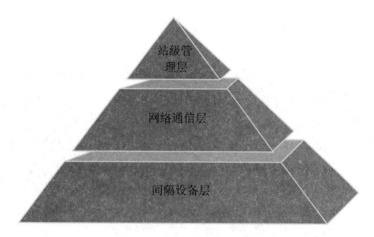

图 1-1-12　SCADA 系统的三层结构

城市轨道交通 SCADA 系统各层的作用如下：

(1) 站级管理层：站级管理层是 SCADA 系统的远程监控部分，相当于远程指挥中心，对远方变电所的供电设备实施实时的监控。即对远程设备的参数进行分析处理并存储，同时对远程设备的工作状态进行监视和控制。这些功能通常是在计算机上使用专用监控软件来实现的。轨道交通电力监控系统的监控软件通常使用的是工业组态软件。

站级管理层的作用是实现变电所控制室对本车站变电所设备的监视、报警功能，并负责变电所综合自动化系统与综合监控系统之间的数据交换。

(2) 网络通信层：信息传输的"通道"，由变电所内通信网络及网络接口设备组成。网络通信层负责数据的"上传下达"，将间隔层设备上的参数数据"上传"到站级管理层，站级管理层根据实际的情况，对变电所设备"下达"各种控制指令。当前的城市轨道交通供电专业 SCADA 系统的网络通信技术使用的是工业以太网技术。

(3) 间隔设备层：间隔设备层是信息采集与设备控制的"实施者"，可以分为智能装置和非智能装置两类。智能装置由微机测控单元、保护测控单元、信息采集单元、直流电源监控单元等组成，非智能装置由接触轨隔离开关等组成，它们统称为供电系统的二次设备。

目前的间隔层设备主要是由单片机和 PLC 组成，它们的作用是采集设备的运行参数，并对设备进行实时监控。如 ST700 直流微机综合保护装置采用的是 ARM Cortex－M3 内核的 32 位处理器，钢轨电位限位装置使用的是 S7-200PLC 等。

间隔设备层的功能是将变电所设备的参数，利用微控制器模块进行采集，然后通过网络传递给站级管理层；站级管理层的控制指令也是通过微控制器模块对设备实行远程控制。目前的城市轨道交通供电专业的间隔设备层使用的 SCADA 微控制器主要是单片机和 PLC。

3. 城市轨道交通 SCADA 系统的设备组成及功能

1) 城市轨道交通 SCADA 系统各层的设备组成

(1) 站级管理层：变电所里站级管理层的设备由安装于控制信号盘内的控制信号屏、监控计算机设备构成。其作用是使用管理计算机上的监控软件对所内设备的信息进行采集和上传，同时可以对就地设备进行操作控制。控制信号屏及监控计算机主要实现所内集中监控，如图 1-1-13 所示。

图 1-1-13　变电所内集中监控设备控制信号屏及监控计算机

主变电所站级管理层还配备用于打印系统事件记录、事故调查和分析的打印机，提供应急电源的 UPS 以及用于设备维护、维修的便携式维护计算机等设备。

(2) 网络通信层：网络通信层是信息传输的"通道"，由所内通信网络、远程通信网络及网络接口设备组成。所内通信网络由光纤交换以太网构成，采用 TCP/IP 协议和星型网络结构。

① 交换机：实现与站内监控系统的连接，一般采用带有网管功能的工业以太网交换机，如图 1-1-14 所示。

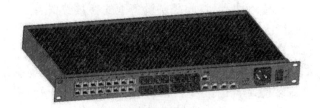

图 1-1-14　交换机视图

② 网络通信服务器：完成站内各智能设备的通信接口及通信规约的转换，如图 1-1-15 所示。

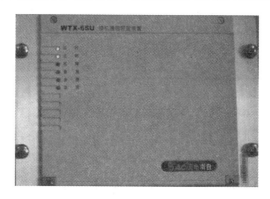

图 1-1-15 网络通信服务器面板

③ 光电转换装置：实现各智能设备与站内光纤以太网的连接，如图 1-1-16 所示。

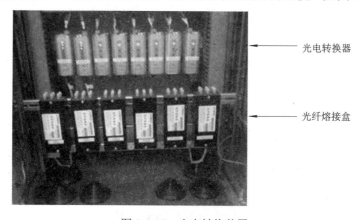

图 1-1-16 光电转换装置

(3) 间隔设备层：间隔设备层的功能是采集电气设备的工作状态及相关参数，然后对其进行监控。间隔设备层包括分散安装于供电一次设备中的各种微机保护测控单元(二次设备)、信息采集设备以及采用硬接点输出的现场设备。设备包括 400 V 及 35 kV 交流保护测控单元、1500 V 直流保护测控单元、变压器温控器、微机测控单元、杂散电流监控单元、交直流屏、上网隔离开关、负荷开关等。35 kV GIS 综合保护测控装置如图 1-1-17 所示。

图 1-1-17 35 kV GIS 综合保护测控装置

苏州地铁一号线各间隔层设备与 SCADA 系统的接口形式及采用的通信规约如表 1-1-1 所示，表中显示各间隔层设备的常用接口类型。

表 1-1-1　各间隔层设备与 SCADA 系统的接口类型及采用的通信规约

序号	接口设备名称	接口类型	通信规约	备注
1	35 kV 开关柜保护测控单元	光纤以太网	MODBUS-TCP/IP	
2	1500 V 直流开关柜保护测控单元	光纤以太网	MODBUS-TCP/IP	降压所不设
3	接触网上网隔离开关	硬接点		降压所不设
4	排流柜	硬接点		降压所不设
5	400 V 低压开关柜监控单元(含跟随所)	串口通信 (RS485)	MODBUS-RTU	
6	交直流电源装置监控单元	串口通信 (RS485)	MODBUS-RTU	
7	轨电位限制装置	硬接点		

2) 城市轨道交通 SCADA 系统功能

SCADA 系统的站级管理层实现变电所控制室对本车站变电所设备的监视、报警功能，并负责变电所综合自动化系统与综合监控系统之间的数据交换，包括双冗余通信控制器、双冗余以太网交换机、工作站、自动化屏、智能测控单元(含 DI/DO/AI 模块)等设备，具备变电所各种设备的控制、监视、联锁/闭锁以及电流、电压、功率、电度的采集等功能。

(1) SCADA 系统控制功能的具体内容如下：

① 遥控功能：变电所设"当地"和"远方"两种控制方式，由变电所综合自动化系统对所内变配电设备进行监视控制。变电所设备采用三种控制方式：中央级电力监控系统、车站级电力监控系统和就地级监控。

② 控制闭锁功能：可以实现变配电设备因自身操作或者设备故障要求导致的闭锁要求。

③ 遥控试验功能：遥控试验操作过程和实际遥控操作相同，采用"选择—返校—执行"操作方式。遥控试验用于测试变电所综合自动化系统的可靠性，不对实际控制对象进行操作。

④ 模拟操作功能：模拟操作包括模拟合闸和模拟分闸，模拟对位操作的对象能通过不同的显示颜色区别设备工作状态。

⑤ 保护定值组切换功能：可以对 35 kV、1500 V 开关保护装置的保护定值组进行统一管理，包括保护定值召唤、显示、保存、打印等。可以选择装置名称、装置种类进行召唤显示与保存。

(2) SCADA 系统数据采集和处理功能的具体内容如下：

① 遥信功能：遥信信息包括各种开关、刀闸、接触器等设备的分、合状态，开关手

车的工作、试验、抽出位置状态等，也包括保护装置的各类保护跳闸动作、重合闸动作的启动、出口、失败等信息。遥信分为事故遥信和预告遥信。事故遥信指使设备停电、停运的事故信号，预告遥信指不影响设备继续运行的故障信号。遥信信息在人机界面上实时刷新，以便操作员及时了解现场设备运行状态。

② 遥测功能：系统采集本变电所内由综合保护测控装置、智能监测装置、智能电表提供各类监测对象的电压、电流、电量、功率因数、谐波等参数。

③ 数据处理功能：变电所综合自动化系统接收的基础设备数据信息存储在本地数据库后，可经处理后通过自身软件或转存为通用电子表格形式，并可打印。

④ SOE 事件记录功能：SOE(事件顺序)记录用于分辨事件发生的先后顺序(如故障跳闸的顺序)。系统能够以各种方式(按时间、按事故源对象等)查询、分析和打印 SOE 记录。

(3) SCADA 系统显示及操作功能的具体内容如下：

(1) 人机界面的操作和显示功能：人机界面是值班员日常监视、操作的主界面，由运行监控程序和其他辅助模块组成。

(2) 变电所综合自动化系统运行状况显示功能：系统能实时显示所连接变电所综合自动化系统的运行状况，若发现系统设备发生故障能自动报警提示维护人员，并对运行设备的名称、设备所在车站、故障发生时间、恢复/更换时间进行自动记录。

 【任务实施】

参观学院轨道交通供电实训室，听取老师的讲解。了解变电所 SCADA 系统的组成，认识 SCADA 系统的相关设备。

 【思考与练习】

1. 什么是 ISCS 系统，什么是 SCADA 系统？
2. 简述城市轨道交通综合监控系统的构成。
3. 变电所有几级控制？分别是什么？
4. SCADA 系统由哪几部分组成？各包含哪些设备？
5. ISCS 系统与 SCADA 系统的关系如何？
6. 供电系统常用的数据采集设备有哪些？

任务 1-2　微控制器对电气设备的控制

【行业背景】

1. ST700 组件式直流微机综合保护装置

图 1-2-1 所示是城市轨道交通供电实训室的进线柜，柜里的设备是一台断路器，断路器的控制部分叫作 ST700 组件式直流微机综合保护装置，通过这台设备，可以对断路器进行实时的就地或远程的监视与控制。

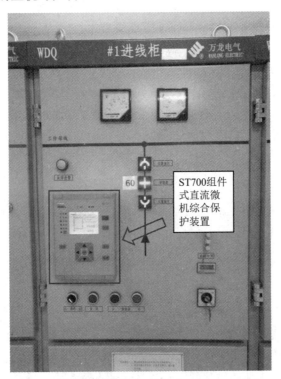

图 1-2-1　变电所的进线柜

ST700 组件式直流微机综合保护装置主要技术特点如下：

(1) 采用组件式设计思想，电源板、继电器板、CPU 板、信号采集板各为独立的模块，可靠性高、通用性强。

(2) 采用多 CPU 结构，保护、测量、通信、面板显示功能各用一个独立的 CPU 来完成，使各 CPU 的负荷率降到最低。

(3) 装置采用了业界先进的 ARM Cortex-M3 内核的 32 位处理器，处理性能强，功耗低，实时性高。

(4) 采用 14 位高精度 A/D 转换器，支持 8 路信号同步采样。

(5) 提供中文人机界面，操作简便，液晶背光可调节，可设置密码保护。

(6) 支持对所有模拟量、开关量、操作命令的录波功能，录波通道可选择，波形可在液晶装置上显示，同时录波数据可通过通信接口实现远程上传。

2. 徐州地铁变电所内控制信号屏上的测控装置

徐州地铁 2 号线车辆段变电所内控制信号屏上的测控装置采用的是南瑞继保的 PCS-9705 系列测控装置，此装置主要用于变电站间隔层数据采集和信号的测量与控制。

PCS-9705 系列测控装置使用了 TI 公司 32 位高性能的嵌入式双核处理器，逻辑运算和管理功能使用 ARM 内核，高速数字信号处理器 DSP 内核负责所有的保护运算。每周波采样 80 个点，每个采样间隔内可以实现采样数据的并行处理，确保保护装置具有很高的可靠性和安全性。

PCS-9705 系列测控装置采用智能模块组合而成，整个装置中除了几种特殊模块的位置不能变化之外，其他的交流电流、交流电压和直流电流等模拟量输入模块，以及开关量输入与输出模块等开关量模块都可以根据装置的剩余插槽位置进行灵活配置。

图 1-2-2 所示为徐州地铁变电所里控制信号屏上的测控装置实物。

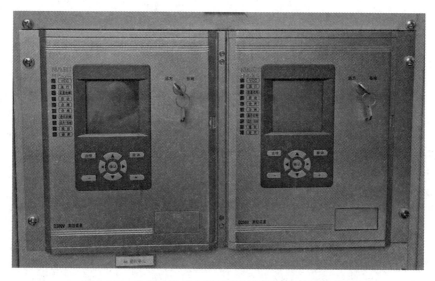

图 1-2-2　徐州地铁变电所里控制信号屏上的测控装置

【相关知识】

1. 微控制器知识介绍

1) 微控制器的定义

单片机(Single-Chip Microcomputer)是一种集成电路芯片，它采用超大规模集成电路技术，把具有数据处理能力的中央处理器 CPU、随机存储器 RAM、只读存储器 ROM、多种 I/O 口和中断系统、定时器/计数器等(可能还包括显示驱动电路、脉宽调制电路、模拟多路转换器、A/D 转换器等电路)集成到一块硅片上构成的一个小而完善的微型计算机系统。

概括地讲，一块芯片就是一台计算机，单片机在工业控制领域应用广泛。单片机又称单片微控制器。

2) 51 单片机

51 单片机是对所有兼容 Intel 8051 指令系统的单片机的统称。最早的 51 单片机的是 Intel 的 8004 单片机，后来随着 Flash ROM 技术的发展，8004 单片机取得了长足的进展，成为应用最广泛的 8 位单片机之一，其代表型号是 ATMEL 公司的 AT89 系列，它广泛应用于工业测控系统之中。51 单片机的实物如图 1-2-3 所示。

(a) ATMEL 公司生产的 AT89C51 单片机　　(b) 国产的 51 系列 STC 单片机　　(c) 贴片封装的单片机

图 1-2-3　几款 C51 单片机实物

3) AVR 单片机

AVR 单片机是 Atmel 公司 1997 年推出的 RISC(精简指令系统计算机)单片机。RISC 是相对于 CISC(复杂指令系统计算机)而言的。RISC 并非只是简单地减少了指令，而是使计算机的结构更加简单合理，从而提高运算速度。AVR 单片机实物如图 1-2-4 所示。

图 1-2-4　AVR 单片机实物

4) 单片机的应用

单片机在使用时，要添加一些外围元件，如输入端添加按键，输出端添加 LED 灯等，组成单片机应用系统，如图 1-2-5 所示。

图 1-2-5　单片机应用系统的组成　　　　图 1-2-6　Arduino Uno 微控制器板

5) Arduino 微控制器模块

Arduino 是一个微控制器板和集成开发环境(IDE)的总称。Arduino 微控制器模块的特点是其硬件电路和软件平台都是开源的，Arduino 拥有非常丰富的外围资源，而且使用方便、简单易学、费用低。I/O 端口功能强，具有 A/D 转换等功能。

Arduino Uno 是一款基于 ATmega328P 的微控制器板。它有 14 个数字输入/输出引脚(其中 6 个可用作 PWM 输出)，6 个模拟输入，16MHz 晶振时钟，USB 接口，电源插孔，ICSP 接头和复位按钮。只需要通过 USB 数据线连接电脑就能供电、进行程序下载和数据通信。Arduino Uno 微控制器板实物如图 1-2-6 所示。

2. 微控制器的数据存储

1) 存储器结构

微控制器的存储器由数据存储器和程序存储器两部分组成。数据存储器又叫作随机存取存储器(RAM)，主要存储过程数据，相当于计算机的内存。程序存储器又叫作只读存储器(ROM)，主要存储用户编写的程序，相当于计算机的硬盘。微控制器的存储结构如图 1-2-7 所示。

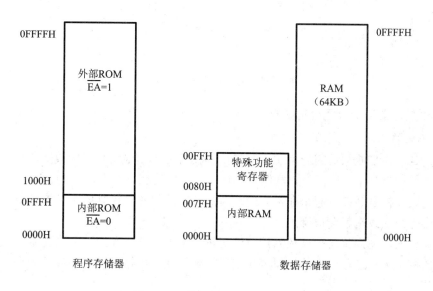

图 1-2-7　微控制器的存储结构

2) 存储器的数据存储方式

如图 1-2-8 所示，在计算机里，数据是以字节为单位进行存储的。每个字节包含 8 位二进制数，这 8 位二进制数从右至左按照从低位到高位的顺序依次排列，从 0000 0000 到 1111 1111 按照十进制数的计数方法就是 0 到 255。

在存储器里，每个存储单元都有一个唯一的编号，称之为地址。地址数据也是二进制数，为了书写方便，地址常常用十六进制数表示。只有对二进制数及十六进制数以及它们之间的相互转换非常熟悉，才能对将要学习的数据通信的知识有更好的理解。

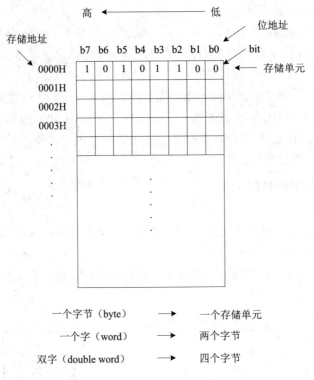

图 1-2-8　微控制器存储数据的方式

3. 微控制器控制电气设备的基本思路

1) 传统的电气控制电路

微控制器在工业领域的应用源于其对电气设备中控制电路部分的改造。

在传统的控制电路中，控制器件与执行器件是串连在一个回路上的，如图 1-2-9 所示。这样的电路结构虽然控制起来非常方便，但是带来的问题是控制电路越来越复杂，如果想对电路进行升级改造就会很麻烦。

计算机的出现为传统电气控制的改造提供了新的思路。人们用微控制器作为核心部件对传统的控制电路进行改造并获得成功，使得电气控制电路变得更加灵活可靠，并向着自动化、智能化的方向飞速发展。

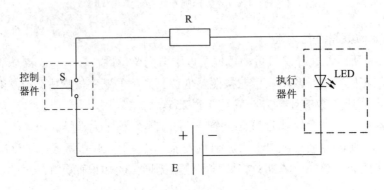

图 1-2-9　开关控制 LED 灯电路图

2) 微控制器的控制思路

微控制器控制电路与传统电气控制电路的最大不同就是在微控制器控制电路中，控制器件与执行器件完全隔离开来，它们之间没有直接的电气联系。微控制器控制电路如图1-2-10 所示。

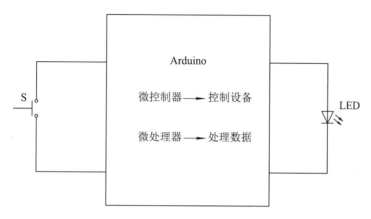

图 1-2-10 微控制器控制电路

在微控制器控制电路中，控制器件被接入微控制器的输入端组成输入回路。微控制器输入回路的作用是采集数据信号，作为控制电路的动作条件。而执行器件则被接入微控制器的输出端组成输出回路。微控制器输出回路的作用则是根据输入回路的条件，让执行器件动作。

在微控制器控制电路中，核心部件微控制器的作用：一是将控制器件与执行器件分别接在微控制器的输入端和输出端，使输入回路与输出回路形成两个相互独立的电气回路，器件之间实现电气隔离。二是采集输入回路的控制信号，根据控制功能进行运算，然后将运算结果传送给输出回路，使执行器件动作，微控制器在这里起到传递信号的作用。微处理器工作过程如图 1-2-11 所示。

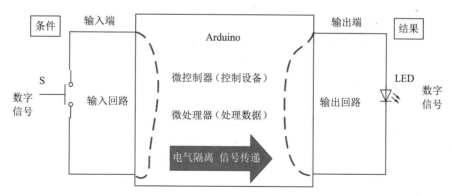

图 1-2-11 微处理器工作过程

这里的"设备"指的是电气设备，"数据"是电信号。电信号分为数字信号和模拟信号，数字信号也叫开关量，只有开关两种状态；模拟信号是连续变化的信号。从信号处理的角度，微处理器在电气控制领域主要是起到两个作用：处理数字信号(开关量)和处理模拟信号。

除此之外，微控制器还可以将输出信号反馈至输入端与输入信号进行比较，然后再对输出端的设备进行控制，有了这种功能，我们就说电气设备具有了自动控制或者智能控制的功能。其控制过程如图 1-2-12 所示。

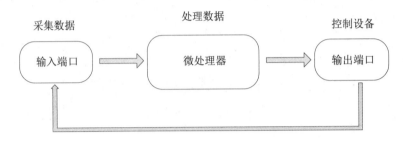

图 1-2-12　Arduino 模块控制功能示意图

4. 微控制器工作原理

微控制器是如何实现控制功能的呢，它的工作机制是怎样的呢？从本质上说，微控制器的功能是通过向特殊存储器单元存入二进制数 0 或 1 来实现的。

1) 引脚(D2)与特殊存储器的关系

微控制器模块的每个引脚可以看做是微控制器模块里某个特殊存储器中某个位的映射(对应关系)，如图 1-2-13 所示。

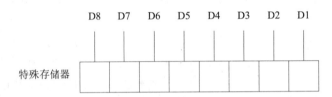

图 1-2-13　特殊存储器与微控制器模块引脚的对应关系示意图

2) 引脚(D2)设置为数字输入功能

微处理器会从引脚(D2)实时读取外部的数据，并存入特殊存储器对应的位单元里。如果读取的是高电平，则在位存储单元里存入数据"1"；如果读取的是低电平，则在位存储单元里存入数据"0"。这就是数据输入引脚的数据采集功能。

3) 引脚(D2)设置为数字输出功能

微处理器会向引脚(D2)对应的特殊存储器位单元里写入数据"1"或"数据"0"。如果写入数据"1"，则在引脚(D2)输出高电平；如果写入数据"0"，则在引脚(D2)输出低电平。

如图 1-2-14 所示是特殊存储器引脚输出的等效电路，D 是发光二极管，当有正向电流流过时，发光二极管就会点亮。R 是限流电阻，防止二极管因电流过大被烧坏。

从电路中可以看出，当开关 K 向下与 b 点相接时，即此接口输出呈现低电平，用 0 表示，此时二极管因没有电流通过而不发光；当开关 K 向上与 a 点相接时，二极管的正极接电源+5V，即此接口输出呈现高电平，用 1 表示，此时二极管有电流通过而发光。

因此，当 D2 引脚为高电平 1 时，发光二极管会点亮，当引脚为低电平 0 时，发光二极管会熄灭。0 和 1 在端口的外部表示电平的高低。

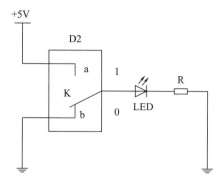

图 1-2-14 D2 引脚等效电路

在微控制器模块内部，对存储器而言，0 和 1 是表示二进制数。要想使某引脚呈现低电平或高电平，只需向此存储器写入相应的二进制数 0 或 1 即可。如图 1-2-15 所示，0 所对应的引脚为低电平，发光二极管截止不发光，1 所对应的引脚为高电平，发光二极管导通发光。

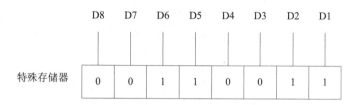

图 1-2-15 特殊存储器装入 8 位二进制数

对连接的发光二极管来说，0 和 1 表示灭与亮。从上述可归纳出：0 和 1 在特殊存储器内表示二进制的数，0 和 1 在输出接口处既表示电平的高低，又代表发光二极管的亮与灭状态。

4) 微控制器基本工作原理

微控制器通过执行程序中的指令，实现各种控制功能。如果某引脚设置为数字输入功能，微控制器便从该引脚读取外部的数字量数据。如果某引脚设置为数字输出功能，微控制器便向特殊存储器各位中存入 0 或 1，这样就能在输出端口获得相应的输出信号。

也就是说，如果把输入/输出端口的引脚看成是一个个智能开关，这些开关就会按照人们的意愿(通过存入 0 或 1 来告诉微控制器模块)自动开与关，从而自动控制所连接的各电气设备。

微控制器不仅可以处理数字信号，还可以处理模拟信号，只需要在输入端加入模数转换模块，在输出端加入数模转换模块即可。

5. Arduino Uno 微控制器板引脚介绍

Arduino Uno 微控制器板就是一款典型的计算机控制数据采集模块，可以方便地对各类器件进行控制。如图 1-2-16(a)所示。我们从引脚图可以看到，它有齐全的数字量输入/输出引脚与模拟量输入/输出引脚。

　　具体来说，输入引脚具有处理数字量信号(开关量信号)和模拟量信号的功能，可以直接采集从传感器传入的电信号。输出引脚则具有数字量信号(开关量信号)输出和模拟量信号输出的功能，可以直接控制电气设备。除此之外，它还具有完善的串口通信功能，方便数据的传输，实现远程控制电气设备的功能。

　　图 1-2-16(b)所示为 Arduino Uno 微控制器板的实物引脚图。有些引脚具有复用功能。本教材中演示与实验中使用的微控制器就是 Arduino Uno 微控制器板，以下将 Arduino Uno 微控制器板也称为微处理器。

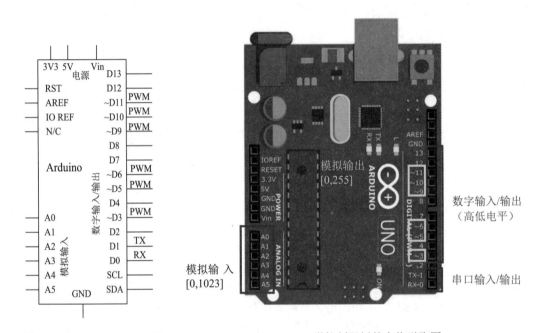

(a) Arduino Uno 电气引脚图　　　　　(b) Arduino Uno 微控制器板的实物引脚图

图 1-2-16　Arduino Uno 微控制器板的引脚

6. 数字信号与模拟信号

　　微控制器可对电气设备进行监视与控制，无论其处理的数据有多少，这些数据也主要只有两类：一类是数字量数据，也称为数字信号；一类是模拟量数据，也称为模拟信号。

　　数字信号是指只有两种可能的状态，如打开或关闭，高电平或低电平，1 或 0，5 V 或 0 V。例如，如果 LED 亮着，那么它的状态就是高或 1 或 5 V。如果它关闭，它的状态就是低或 0 或 0 V。计算机能够处理的就是数字信号。

　　模拟信号是指一个连续变化的数值量，如电压量和电流量。而计算机只能够处理数字信号，所以计算机在处理模拟量的时候，要先将其进行模数转换，这个过程就叫作数字化。如 0～5 V 的模拟电压值在计算机里可以用 0～1023 之间的数字变化表示。这样微控制器就能够读取传感器的模拟值。例如，用光传感器，如果它很暗，会读到 0；如果它非常明亮，会读到 1023；如果在黑暗和非常明亮之间有亮度，就会读 0～1023 之间的值。数字信号与模拟信号的比较如图 1-2-17 所示。

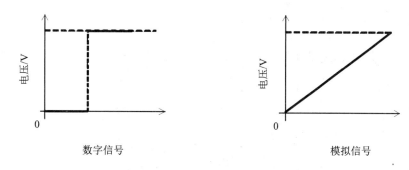

图 1-2-17　数字信号与模拟信号的比较

1) 微控制器对数字量输入信号的获取

如图 1-2-18 所示是一个常用的数字量输入测试电路,电路由一个 10 kΩ 电阻串联一个按键 S 组成。用万用表测试电路 a 点的电压,按下按键 S,a 点为低电位(万用表电压指示 0 V),松开按键 S,a 点为高电位(万用表电压指示 5 V)。

如果将 a 点接入微控制器的 D2 引脚,且将 D2 引脚设置为数字量输入端口,微控制器里的 CPU 就会实时侦测 D2 引脚的电位状态,并将此状态记录下来,作为输出端器件响应的条件。这样就方便地实现了数字量的输入。

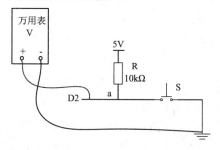

图 1-2-18　数字量输入电路测试

2) 微控制器对模拟量输入信号的获取

如图 1-2-19 所示是一个常用的模拟量输入测试电路,电路由一个 10 kΩ 的电位器组成。将万用表的电压挡接在电位器的可调端子上,旋动电位器,可以看到 a 点电位从 0 到 5 V 的变化。将 a 点接入微控制器的模拟输入端,微控制器将会得到一个可调的模拟量输入信号。

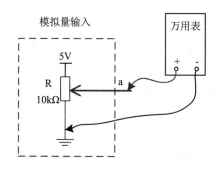

图 1-2-19　模拟量输入电路的测试

3) 模拟量输入输出信号的理解

模拟量输入电量直接控制模拟量输出电量的电路如图 1-2-20 所示。在电源与地之间串联一个可变电阻 R_2，调节电阻 R_2 即可改变发光二极管电路的电压，从而调整 LED 的亮度。

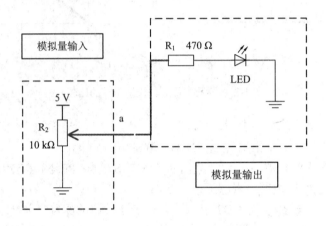

图 1-2-20　模拟量输入电量直接控制模拟量输出电量

7. 微控制器如何处理模拟信号

将模拟量信号接入微控制器的 A0 引脚，由于 A0 引脚为模拟量输入端口，微控制器里的 CPU 就会将模拟量 0～5V 的电压值实时转换为 0～1024 的数字量，并将此数据存储下来，作为输出端器件响应的条件，这样就实现了模拟量的输入。

1) 微控制器对模拟输入信号的处理

与数字信号的高低电平仅有高(HIGH，5V)、低(LOW，0V)两种电压状态不同，模拟信号的电压可以在 0～5V 之间变化，为了能较为精准地获取返回的电压信号，微控制器将其切分成 2^{10} 共 1024 级(A/D 转换，精度值 2^{10})，每级对应 0～1023 范围内的一个电压模拟数值。

$$\frac{电压}{5} = \frac{模拟数值}{1024}$$

这种连续的数值变化可供我们获取诸如角度、温度、光线强度、声音强度等连续变化的传感器数值。

2) 微控制器对模拟输出信号的处理

数字量调节电压变化又称为 PWM(Pulse Width Modulation，脉冲宽度调制)变频技术。

模拟信号输出的电压值在 0～5V 变化，但微控制器的输出端口都是数字端口，仅能输出高(5V)和低(0V)两种电压值，所以微控制器无法输出真正的模拟信号，而是模拟出模拟信号。

微控制器程序内建的模拟输出是通过 PWM 脉冲宽度调制的方法，用高低电平不断切换的数字脉冲信号来模拟出模拟信号。在理解 PWM 之前要先了解两个概念:脉冲周期及占空比。

脉冲周期：相邻两次脉冲之间的时间间隔，周期的倒数即脉冲频率。

占空比：在一次脉冲周期内高电平持续时间与脉冲周期的比值。

PWM 实际是通过高低电平的快速切换来实现模拟信号的输出效果的，如图 1-2-21 所示。在一个脉冲周期内，若占空比为 50%,则相当于灯全亮半个周期，之后灯熄灭半个周期。

微控制器的 PWM 信号脉冲周期仅有 0.002 s，即每秒 500 个脉冲周期，由于人眼的视觉残留效果，呈现出的视觉效果相当于 50%的亮度。而此时 PWM 等效输出电压 V = 5V × 50% = 2.5V。PWM 信号脉冲的数值为 0～255。

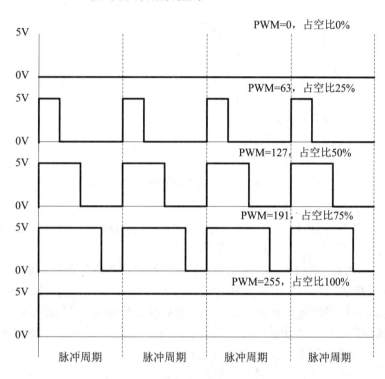

图 1-2-21　PWM 信号脉冲与输出电压的关系

可以得出结论：

① 模拟输入即利用 A/D 转换将 0～5V 模拟电压转换为 0～1024 数字量输入。

② 模拟输出即利用 PWM 技术将 0～255 数字量转换为 0～5V 模拟电压输出。

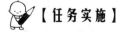【任务实施】

1. LED 灯闪烁

任务要求：在数字量输出引脚 D8 输出高低电平。高电平为 5V，低电平为 0V。

1）电路搭建

数字量输出电路如图 1-2-22 所示。

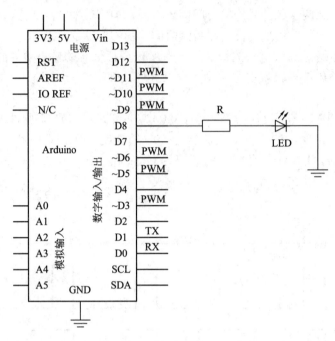

图 1-2-22　数字量输出电路

2) 程序编写

数字量输出程序如图 1-2-23 所示，此程序的功能是 D8 端口连接的 LED 灯循环亮 1 秒、灭 1 秒。该程序界面为 Mixly 软件界面。

微控制器程序运行的机制：微控制器上电后，按照用户编写的功能块从上到下依次执行。首先执行功能块 1，数字输出 8 脚输出高电位，然后执行功能块 2，程序延时 1 秒，再执行功能块 3，数字输出 8 脚输出低电位，最后执行功能块 4，延时 1 秒。

注意：执行完最后一个功能块后，微控制器就会回过头来再从功能块 1 开始重复执行这四个功能块，一直重复到给微控制器断电为止。

这就是程序的顺序结构，也是程序的最基本的结构。

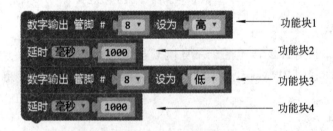

图 1-2-23　数字量输出程序

2. 按键控制 LED 灯

任务要求：按下按钮，指示灯亮起；释放按钮，指示灯熄灭。

1) 电路搭建

数字量输入输出电路如图 1-2-24 所示。

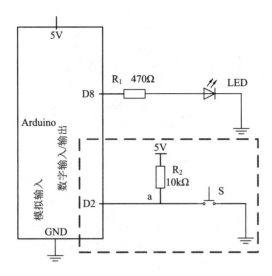

图 1-2-24 数字量输入输出电路

D2 作为数字量输入端口，在微处理器工作期间，CPU 实时检测 D2 引脚的电位状态。按下按键 S，a 点电位为 0，CPU 就能够检测到 D2 引脚电位为低电位。如果松开按键 S，a 点电位为 5 V，CPU 就能够检测到 D2 引脚电位为高电位。这个数字量的状态是可以人为改变的，所以可以作为执行器件的动作条件使用。

D8 作为数字量输出端口，CPU 可以随意设置 D8 端口的电位状态。如设置 D8 = 1，则 D8 端口为高电位 5 V，相当于接电源正极，LED 灯亮。如设置 D8 = 0，则 D8 端口将为低电位 0 V，相当于接电源负极，LED 灯灭。

D8 端口接 LED 灯，我们可以形象地看到 D8 端口作为数字量输出端口是如何输出高电平和低电平的。当然，D8 端口并不是只能点亮 LED 灯，如果在 D8 端口接入继电器，它就能够驱动更大的电气器件，如接触器，变电所几乎所有的变电设备都是由接触器控制的。

2) 程序编写

数字量输入及输出程序如图 1-2-25 所示。

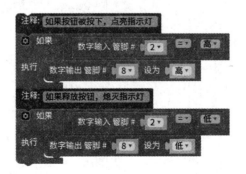

图 1-2-25 数字量输入及输出程序

图 1-2-25 中功能块也可以简化为图 1-2-26 所示的数字量输入及输出程序。

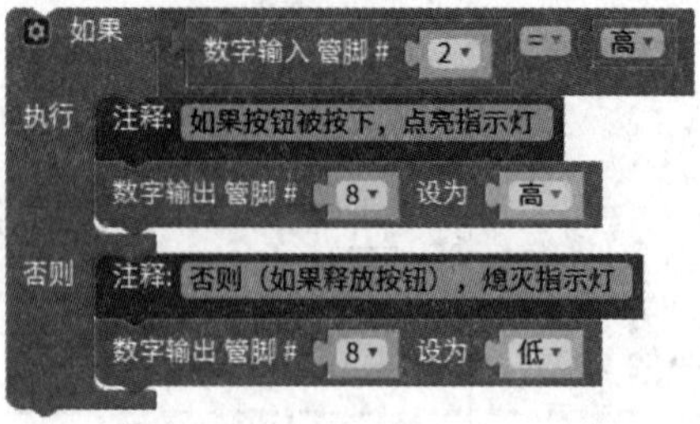

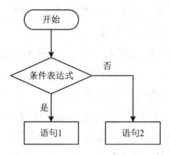

图 1-2-26　简化后的数字量输入及输出程序

图 1-2-26 的程序中用到了程序分支结构。在程序设计中，有时需要根据某些条件是否成立来决定语句流程的走向，这种结构被称为条件结构，也称为"选择结构"或"分支结构"。

程序分支结构如图 1-2-27 所示，如果条件表达式成立，执行语句 1，否则执行语句 2。与顺序结构不同，语句是有选择的执行。程序分支结构让程序与传感器有了更丰富的动态交互和更灵活的控制。

图 1-2-27　程序的条件结构

3. 调光灯电路的实现

任务要求：调节电位器 R_2，LED 灯的亮度随之改变。

1) 硬件连接

硬件连接电路如图 1-2-28 所示。

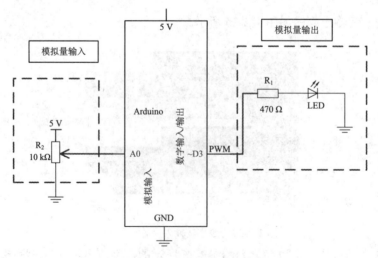

图 1-2-28　调光灯电路的连接

微控制器可以采集模拟量信号，比如电、光、声、温度等，它们可以通过传感器将这些非电量转换成 0～5 V 的电压值。

2) 程序编写

调光灯程序功能块如图 1-2-29 所示。

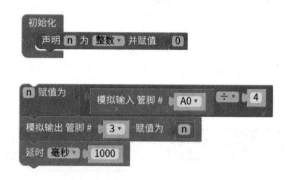

图 1-2-29　调光灯程序功能块

将鼠标放在模拟输出功能块上，可以看到下面有一行说明文字"设置指定管脚的值(0～255)"，此为模拟输出功能块中"赋值为"的含义，如图 1-2-30 所示。

图 1-2-30　模拟输出功能块中"赋值为"的含义

此模块为模拟输出模块，模块位置在"输入/输出"栏，模块功能是向指定的端口输出 PWM 信号。Arduino UNO 板微控制器上有 6 个数字端口(3、5、6、9、10、11)可以实现 PWM 输出，PWM 输出数值范围为 0～255。

将鼠标放在模拟输入功能块上，可以看到下面有一行说明文字"返回指定管脚的值(0～1023)"，此为模拟输入功能块的含义，如图 1-2-31 所示。

图 1-2-31　模拟输入功能块的含义

这样我们就了解了输入、输出功能块的含义。将输入、输出功能块应用于调光灯程序，用转换的输入值直接控制输出值，得到改进的程序如图 1-2-32 所示。

图 1-2-32　改进的调光灯程序

Mixly 软件的 "数学" 模块里有一个 "映射" 功能块, 如图 1-2-33 所示。此功能块可以直接进行数值的转换。

图 1-2-33　映射功能块的含义

如果使用 "映射" 功能块, 调光灯程序也可以如图 1-2-34 所示处理。

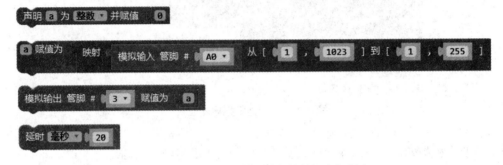

图 1-2-34　使用 "映射" 功能块的调光灯程序

4. 感光灯电路实现

任务要求: 由光敏电阻环境光线的强弱决定输出端 LED 灯的亮灭。

1) 硬件连接

感光灯电路是在调光灯电路的基础上, 在输入端添加一个光敏电阻 R_3 而成, 电路连接如图 1-2-35 所示。

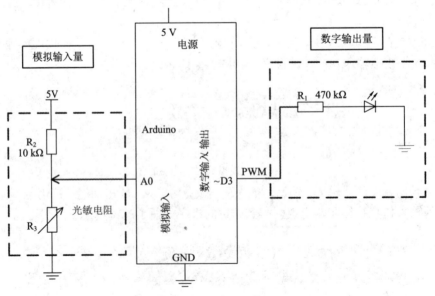

图 1-2-35　感光灯电路图

2) 程序编写

此功能块的要点是将模拟输入值存入变量"a"中，然后用一个定值与之比较，如果可变电阻的输入值大于此定值，LED 灯就亮，反之，LED 灯灭。这个定值要根据外部光线的明暗要求测试设定。感光灯程序功能块如图 1-2-36 所示。

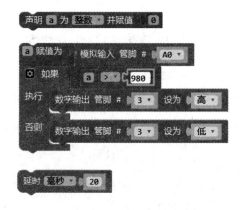

图 1-2-36　感光灯程序功能块

结论：如果电气设备中加入了微控制器，就能够非常方便地实现各种各样的控制功能。

【思考与练习】

1. 简述微控制器的工作原理。
2. 在网上查找关于 Arduino 的介绍文字。
3. 什么是数字信号？什么是模拟信号？
4. 什么是 PWM 调制？什么是占空比？
5. 在网上查找面包板的结构说明。
6. 搭建一个按键控制 LED 灯电路，其功能是每按一次按键，LED 灯状态改变一次。

任务 1-3　理解串口通信

【行业背景】

在城市轨道交通电力监控系统中，变电所综合自动化(SCADA)系统是整个系统的核心部分。

变电所综合自动化系统采用集中管理、分散布置的模式，分层、分布式系统结构。系统由站级管理层、网络通信层、间隔设备层组成。系统以供电设备为对象，通过网络将所内的 35kV 开关柜、1500V 开关柜、400V 开关柜、有源滤波装置、整流变压器、整流器、动力变压器、交直流屏、单向导通装置、排流柜、钢轨电位限制装置配置的综合测控保护装置、智能采集装置等间隔层设备连接起来。

如图 1-3-1 所示是无锡地铁 SCADA 系统结构图，从图中可以看到 RS232，RS422 及 RS485 等串行接口(简称串口)通信技术的应用。

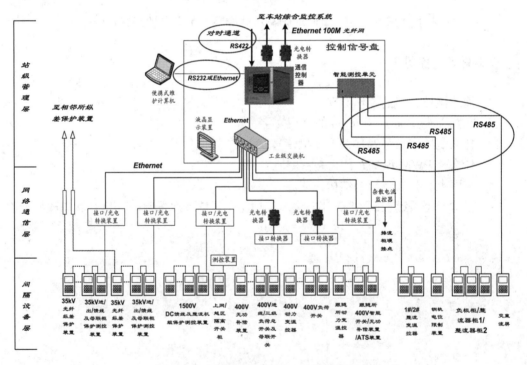

图 1-3-1　无锡地铁 SCADA 系统结构图

【相关知识】

计算机通信网络是城市轨道交通系统的中枢。通信网络、现场总线和以太网是城市轨道交通电力监控系统的基础。

在城市轨道交通电力监控系统中，除了计算机与计算机之间、计算机与外设之间的通信之外，大部分的实时数据来自现场的控制设备和检测传感器。设备的各功能单元之间、设备与设备之间以及这些设备与计算机之间都遵照一定的通信协议，从而利用数据传输技术传递信息，这就是城市轨道交通电力监控系统中的数据通信。数据通信的实质和任务就是把计算机技术和通信技术结合并应用于电力监控系统领域中，通过智能化的现场设备把工业数据安全准确地传送到上层的网络中，从而为城市轨道交通调度指挥和决策提供全生命周期的设备和现场数据。

在数字化通信中，数据在各个设备之间借助某种介质以二进制信息流串行地进行传输。无论是简单的 RS232 串行通信，还是千兆位以太网，本质上都是数据通信。下面介绍数据通信的基本知识。

1. 数据通信的传输方式

按数据的传输方式，数据通信可分为并行通信和串行通信。并行通信也叫并口通信。串行通信也叫串口通信。

1) 并行通信

并行通信方式是指将数据以成组方式在两条以上的并行信道上同时传输，还可附加一位数据校验位。图 1-3-2 显示了二进制代码 01101010 如何以并行方式从发送端传输到接收端，每位都有自己的传输线路，因此，所有的 8 位均可同时在一个时钟脉冲周期(T)内传输。

并行通信的优点是速度快，但发送端与接收端之间有若干条线路，导致成本高，仅适合于近距离和高速率的通信。

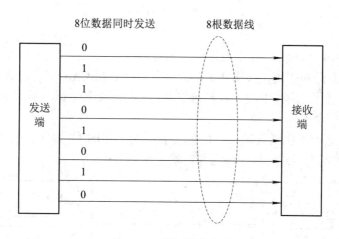

图 1-3-2　并行通信方式

2) 串行通信

串行通信方式是指按时间先后将数据在一条信道一位一位地依次传送，如图 1-3-3 显示了二进制代码 01101010 如何以串行方式从发送端传输到接收端，它需要 8 个时钟脉冲周期(8T)来传送。由于计算机内部都采用并行通信，因此数据在发送之前要将计算机中的字符进行并/串转换，在接收端再通过串/并转换，还原成计算机的字符结构，才能实现串行通信。串行通信的特点是收、发双方只需要一条传输信道，易于实现，成本低，但速度比较低，常用于远距离通信。

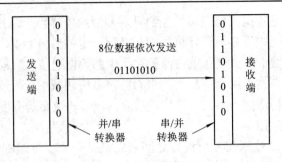

图 1-3-3　串行通信方式

2.数据通信的传输方向

按数据通信的传输方向分为单工通信、半双工通信和全双工通信。

1) 单工通信

单工方式(Simplex Communication)的数据传输是单向的。通信双方中，一方固定为发送端，一方则固定为接收端。信息只能沿一个方向传输，使用一根传输线，如图 1-3-4 所示。无线电广播和电视都属于单工通信。

图 1-3-4　单工通信方式

2) 半双工通信

半双工方式(Half Duplex)通信使用同一根传输线，既可以发送数据又可以接收数据，但不能同时进行发送和接收，如图 1-3-5 所示。半双工方式允许数据在两个方向上传输，但是，在任何时刻只能由其中的一方发送数据，另一方接收数据。当改变传输方向时，要通过开关装置进行切换。

半双工方式适合于会话式通信，比如公安系统使用的"对讲机"和军队使用的"步话机"。在计算机网络系统中用于终端与终端之间的会话式通信。

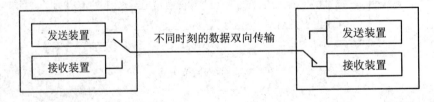

图 1-3-5　半双工通信方式

3) 全双工通信

全双工方式(Full Duplex)通信允许数据同时在两个方向上传输，如图 1-3-6 所示。因此，全双工通信是两个单工通信方式的结合，它要求发送设备和接收设备都有独立的接收和发送能力。在全双工模式中，每一端都有发送器和接收器，有两条传输线，信息传输效率高。手机通话正是采用了这一通信方式。

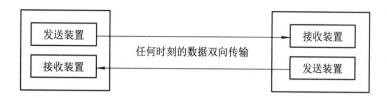

图 1-3-6 全双工通信方式

3. 串口通信

1) 串口通信简介

串口通信(Serial Communications)中串口按位(bit)发送和接收字节。尽管比按字节(byte)的并行通信慢，但是串口可以在使用一根线发送数据的同时用另一根线接收数据。过程简单并且能够实现远距离通信。

RS232 是 IBM-PC 及其兼容机上的串行连接标准，如图 1-3-7 所示。RS232 用于许多用途，比如连接鼠标、打印机或者调制解调器(Modem)，也可以接工业仪器仪表。在 Windows操作系统中，串行接口称为 COM，并以 COM1、COM2 等编号命名不同的接口。RS232只限于 PC 串口和设备间点对点的通信，串口通信最远距离约为 15 米(50 英尺)。

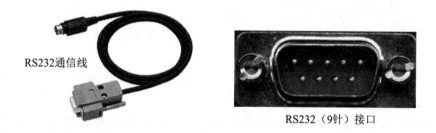

RS232通信线

RS232（9针）接口

图 1-3-7 RS232 通信线与接口

为了增强信号抗干扰能力，RS232 的信号电压在±3 V～±15 V 之间。高于+3 V 电位的为 0，低于−3 V 电位的为 1。介于+3 V 和−3 V 之间电位的信号则为不确定值。

TTL(Transistor Transistor Logic)信号是晶体管数字集成电路信号电压，高电位是电源电压，一般为 5 V，低电位是 0 V。由于与 RS232 信号电压不同，RS232 设备和微控制器之间需要加装一个信号电位转换元件(如 MAX232)才能相连，如图 1-3-8 所示。

图 1-3-8 RS232 信号电压与 TTL 信号电压比较

随着微处理器的速度不断提升，新型的串行接口速度也在不断提高。电脑上的 USB、HDMI 显示器接口、SATA 硬盘接口，甚至蓝牙无线接口都是采用的串行通信接口。

USB 的全称是 Universal Serial Bus(通用串行接口)，意思是用来取代旧式 RS232、PS/2(键盘与鼠标)接口等所有串行接口，统一使用此新标准。USB 设备分主控端和从端两大类，电脑和手机属于主控端，鼠标、U 盘和存储卡属于从端，主控端可以连接和控制从端，从端之间不能互连。USB 接口有 4 根线，其中 2 根为电源线，2 根为数据线。

2) 串口通信的数据格式

串口进行数据传输时是一个字节一个字节地传输，每个字节按位依次传输。

每一个字节的前面都有一位起始位，字节本身由 8 位数据位组成，字节后面接着一位校验位(检验位可以是奇校验、偶校验，也可以是无校验位)，最后是一位也可以是一位半或二位停止位，停止位后面是不定长的空闲位，停止位和空闲位都规定为高电平。实际传输时每一位的信号宽度与波特率有关，波特率越高，宽度越小。在进行传输之前，双方一定要使用同一个波特率设置。串口通信的数据格式如图 1-3-9 所示。

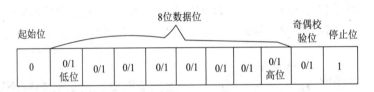

图 1-3-9　串口通信的数据格式

(1) 起始位和停止位：每传输一个字节，总是以"起始位"(低电平)开始，以"停止位"(高电平)结束，字节之间没有固定的时间间隔要求。

停止位代表"发送完毕"，是按长度来算的。串行通信从计时开始，以单位时间为间隔(一个单位时间就是波特率的倒数)，依次接受所规定的数据位和奇偶校验位，并拼装成一个字符的并行字节；此后应接收到规定长度的停止位"1"。所以说，停止位都是"1"，如果 1.5 是它的长度，即停止位的高电平保持 1.5 个单位时间长度。一般来讲，停止位有 1、1.5、2 三种单位时间长度。

(2) 校验位：在数据传输过程中，可能会受到干扰或其他因素影响，导致数据发生错误，传输协议中加入了能让接收端验证数据是否正确的校验位。所谓奇偶校验，是指在代码传送过程中用来检验是否出现错误的一种方法，一般分奇校验和偶校验两种。奇校验规定：正确的代码一个字节中 1 的个数必须是奇数，若非奇数，则在最高位添 1；偶校验规定：正确的代码一个字节中 1 的个数必须是偶数，若非偶数，则在最高位添 1。

(3) 波特率：即每秒钟传输的数据位数。在进行串口通信时，发送端和接收端要步调一致(同步)，这样才能准确地传递数据，通过设置波特率可以保证同步。

波特率的单位是每秒比特数(b/s)，常用的单位还有：每秒千比特数 Kb/s，每秒兆比特数 Mb/s。串口典型的传输波特率 600b/s，1200b/s，2400b/s，4800b/s，9600b/s，19200b/s，38400b/s。最常用的波特率是 9600b/s。

4. 在 Windows 操作系统上查看串口参数

器件之间传输数据的方式称为协议，每一种器件的协议都不完全相同。就像每一台电视机都用红外线遥控器，但各厂家的红外线通信协议不同，所以遥控器无法交换使用。

通信协议(protocol)代表通信设备双方所遵循的规范和参数，通信双方的设定要一致，才能相互沟通，否则会收到一堆乱码。从串口调试软件或是 Windows 的设备管理器里，都可以看到串口的通信设置情况。当微控制器通过串口数据线插入电脑的 USB 端口时，Windows 的设备管理器会将它当成一个 USB 串口设备，如图 1-3-10 所示。

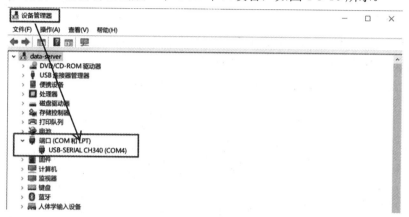

图 1-3-10　Windows 操作系统上的串口设备

在串口装置的名称上面点击鼠标右键，选择"属性"标签，将弹出"属性"窗口，如图 1-3-11 所示。在"端口设置"面板，可以看到串口的设定参数。这就是串口通信的数据格式。

其中流控制(flow control)选项用于"防止数据丢失"如果接收端的存储单元较小，每次只能接收少量数据，为了避免遗漏数据，接收端会对电脑说："请先暂停一下，等我接收完毕后再传数据"。这样的机制就叫做"流控制协议"。这个选项通常设置为"无"，不启用。

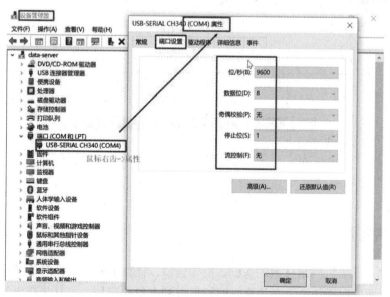

图 1-3-11　串口的参数查询

像 IIC 和 SPI 协议的串口，有单独的时钟线(Clock，通常简写成 CLK)来确保通信设备两端采用一致的步调传输数据，也称作数据同步。

而 RS232 和 USB 串口数据线都没有时钟线，所以需要事先协调好传输速度，并且在传送数前后加上"开始"和"结束"信号。这种传输方式统称通用非同步收发传输器(Universal Asynchronous Receiver/Transmiter，UART)。

5. 串口通信过程

RS232 串口，也叫 UART(非同步串口)，使用两条数据线与周边设备通信。其中一条负责传送数据，在微控制器上的引脚用 TXD 标示，另一条负责接收数据，引脚用 RXD 标示。一个 UART 接口只能和一个周边设备通信，如图 1-3-12 所示。

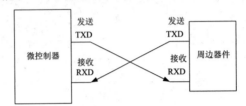

图 1-3-12　串口数据线的接线方式

在开始传输数据之前，UART 的发送与接收端口都处于高电位状态。传送数据时，它将先发送一个代表"开始传送"的起始位，接着才传送数据位，每一组数据单元可以是 5～8 位，通常是 8 位即一个字节，如图 1-3-13 所示。

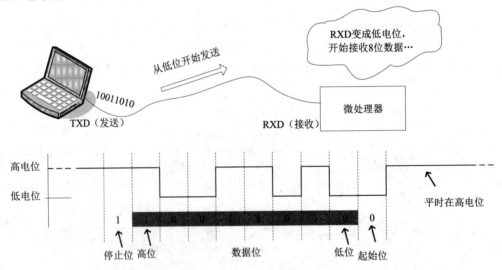

图 1-3-13　串口的数据发送过程

【任务实施】

通信技术是计算机网络技术的基础。换句话说，计算机网络是计算机技术与通信技术结合的产物。而串口通信技术在计算机网络里得到大量的应用，尤其是在电气控制系统的数据采集层。国际上许多大公司在生产自己的智能化电气设备时各自制定了自己的数据通信标准，这些标准都是基于串口通信的，它们的通信规则也有许多相通之处。

下面我们通过几种串口通信的实例，理解一下计算机是如何与底层的电气设备之间进行数据通信的。

1. 计算机发送数据给微控制器

1) 电路连接

图 1-3-14 所示是计算机与微控制器连接的实物图，使用的是 USB 数据线。

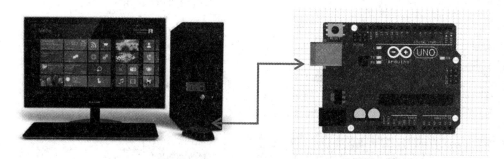

图 1-3-14 计算机与微控制器实物连接图

图 1-3-15 所示是计算机与微控制器连接的内部接线图。

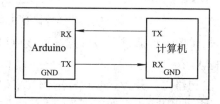

图 1-3-15 计算机与微控制器内部接线图

2) 程序编写

如图 1-3-16 所示，首先声明一个变量，变量名为"接收的数据"，数据类型为"字符型"。

字符是指键盘上的键符号，字符的编码是 ASCII 码。如 'a' 和 'b' 的编码是 10100001 和 10100010。

字符 '123' 和数字 123 的区别：字符 '123' 的 ASIIC 十进制码是 49，50，51，二进制码是 00110001，00110010 和 00110011，数字 123 的二进制码是 01111011。

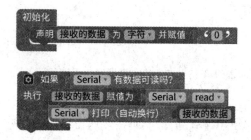

图 1-3-16 微控制器接收计算机数据程序

当计算机从 TX 端口给微控制器发送一个字符'a'时，微控制器串口通信功能块接收与发送数据的步骤如下：

(1) 微控制器从 RX 端口接收字符到数据缓冲区。

(2) 微控制器将它存到变量名为"接收的数据"的存储单元中。

(3) 微控制器将变量"接收的数据"中的数据回传给计算机。

(4) 计算机串口助手的接收区显示出字符'a'。

数据传递的过程如图 1-3-17 所示。

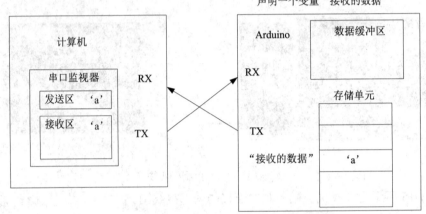

图 1-3-17　计算机与微控制器传递数据的过程

上述我们了解到计算机与微控制器通过串口数据线连接可以进行通信。那么，怎样知道计算机发送数据给微控制器呢？

将上面的程序下载给微控制器，打开 Mixly 软件里的"串口监视器"在"发送"窗口键入字符'a'，点击"发送"按钮，在"串口监视器"的"接收"窗口就可以看到字符'a'，这就是计算机发送给微控制器的数据，如图 1-3-18 所示。

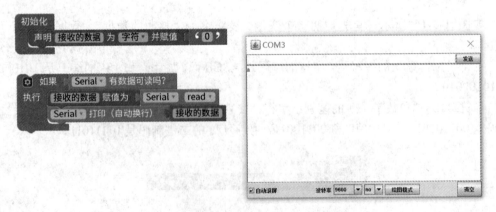

图 1-3-18　在串口监视器窗口观察数据

程序里变量声明为"字符"，这样打印出来的是 ASCII 字符。如果声明变量设置为"整数"，那么打印出来的是 ASCII 码数值。此时在发送窗口输入字符'a'，接收窗口接收到的是数据 97，如图 1-3-19 所示。

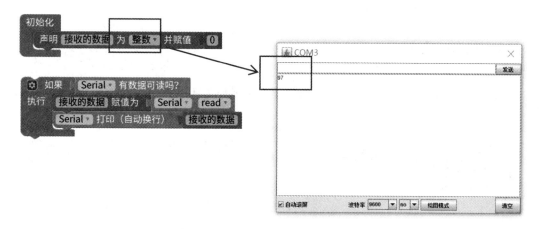

图 1-3-19 字符与数据的比较

如果直接读数据，这样打印出来的只能是 ASCII 码的码值，而不能转成字符，如图 1-3-20 所示。所以程序里加入变量，可以使数据通信更加灵活。

图 1-3-20 只能打印 ASCII 码的码值的功能块

2. 微控制器发送数据给计算机

1) 电路连接

见图 1-3-14。

2) 程序编写

微控制器发送数据给计算机非常简单，只需要图 1-3-21 所示的功能块就可以实现。

图 1-3-21 Mixly 软件里的串口打印功能块

为了方便观察数据，微控制器向计算机发送数据的程序里增加延时功能块，如图 1-3-22 所示。

图 1-3-22 微控制器向计算机发送数据增加延时功能块

3) 观察计算机接收的数据

将图 1-3-22 的程序下载给微控制器，打开 Mixly 软件里的"串口监视器"，在"串口监视器"下面的"接收"窗口就可以看到每隔一秒微控制器发送给计算机的字符'G'，这就是微控制器发送给计算机的数据。

微控制器向计算机发送字符"k"的程序也可以使用如图 1-3-23 所示的写法。

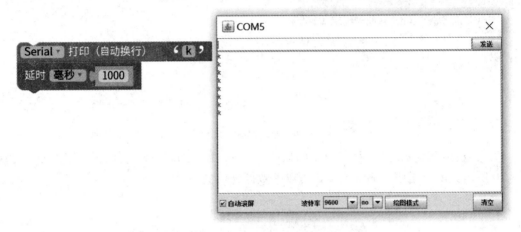

图 1-3-23　微控制器向计算机发送字符"k"

图 1-3-24 所示的程序是让微控制器向计算机发送 1～10 的数字。从串口监视器的接收窗口可以看到循环显示 1～10 的数字。

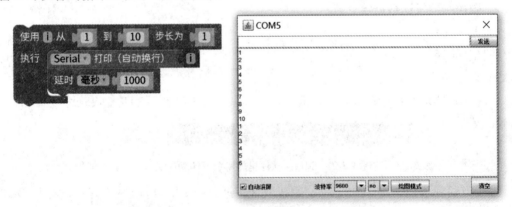

图 1-3-24　微控制器向计算机发送 1～10 的数字

3. 用串口监视器观察数字信号

在对远端设备进行监控时，首先应知道远端设备当前的工作状态。例如要控制远端的断路器闭合，首先要知道现在远端的断路器是闭合还是断开。如何知道远端断路器的工作状态呢？利用串口通信就可以解决这个问题。

1) 电路搭建

以按键控制 LED 灯为例，电路如图 1-3-25 所示。

D2——数字输入端口，接按键 S；D8——数字输出端口，接 LED 灯。

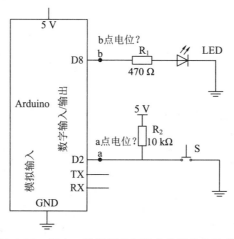

图 1-3-25　用串口监视器观察数字信号的电路搭建

2) 用串口监视器观察数字输入端设备状态

图 1-3-26 所示程序是将数字输入引脚 D2 的状态信号采集出来，通过串口传送给串口监视器，串口监视器就可以将按键的工作状态显示出来。如果按键按下，D2 端口输入低电位，串口监视器接收到的数据为"0"；如果按键松开，D2 端口输入高电位，串口监视器接收到的数据为"1"。

图中的延时功能块是为了方便观察数据。

图 1-3-26　用串口监视器观察数字输入信号

3) 用串口监视器观察数字输出端设备状态

此程序是在按键控制 LED 灯亮灭的基础上加入了串口打印功能块，如图 1-3-27 所示。

此处的串口打印功能块是将数字输出端口 D8 的工作状态通过数字输入功能块再返送到串口监视器并显示出来。如果 D8 端口输出高电位，串口监视器便显示数据"1"，如果 D8 端口输出低电位，串口监视器便显示数据"0"。

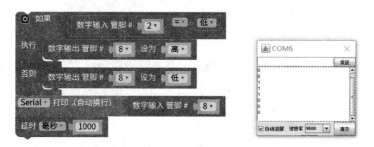

图 1-3-27　用串口监视器观察数字输出信号

4) 串口通信的其他作用

将图 1-3-27 程序下载到 Arduino，打开串口监视器，按下按键 S，可以观察到 D2 端口的电位状态变化情况，如图 1-3-28 所示。

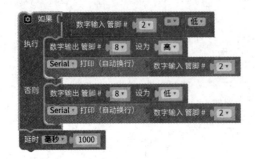

图 1-3-28   用串口监视器观察数字信号

当然，也可以在串口输出字符串，如"ON""OFF"之类，这样可以使输出信息更加直观，程序如图 1-3-29 所示。打开串口监视器，按下按键"S"，可以在输出窗口看到字符串"ON"和"OFF"。

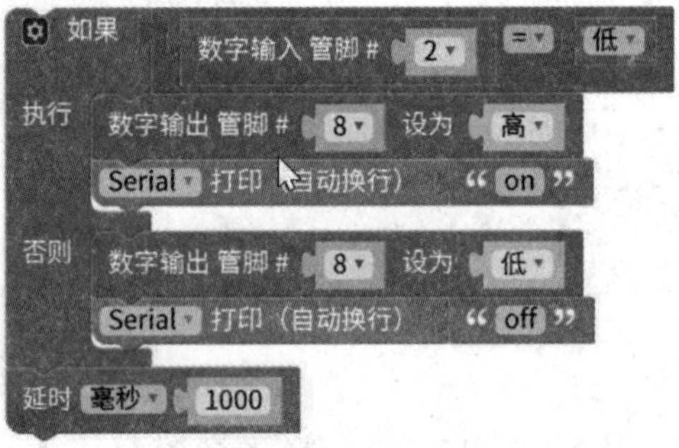

图 1-3-29   输出字符串信息

串口甚至可以输出中文字符，如"亮""灭"之类，这样可以使输出信息更加直观，程序如图 1-3-30 所示。打开串口监视器，按下按键"S"，可以在输出窗口看到字符串"亮"和"灭"。注意：如果中文字符较多，可能会显示不完整。

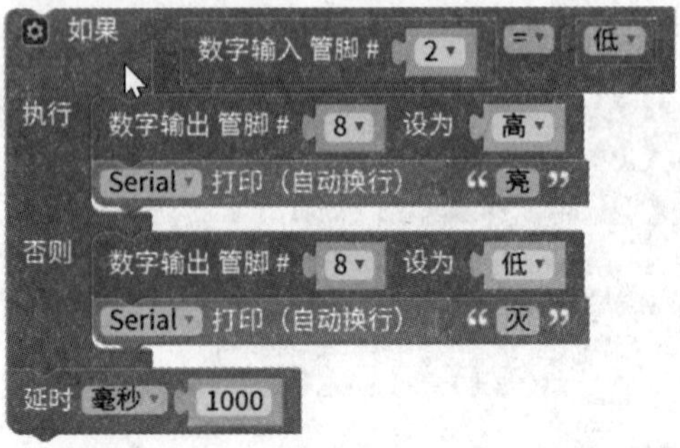

图 1-3-30   输出中文字符信息

4. 用串口监视器观察模拟信号

1) 电路搭建

这里以调光灯电路为例,其硬件电路搭建与图 1-2-28 相同。下面我们用串口监视器进行观察,当调节电位器 R_2 时,模拟信号输入端 A0 的数值变化,体会输入模拟电压量是如何转换为数值量的。

2) 用串口输出模拟量数据程序编写

图 1-3-31 所示为模拟输入数据传送给串口,串口可以将其从串口监视器显示出来。此功能块的作用是将模拟输入管脚 A0 的数据采集出来。

图 1-3-31　串口采集 A0 引脚的模拟量数据

用串口监视器观察模拟量输入信号的程序如图 1-3-32 所示,加入延时功能块是为了方便观察数据。

图 1-3-32　用串口监视器观察模拟量输入信号程序

3) 观察 A0 端口模拟数据

串口监视器直接读取模拟输入管脚 A0 的值如图 1-3-33 所示。从串口监视器可以看到,调节电位器 R_2 阻值的大小,模拟输入端口 A0 的数值变化范围是 0~1023。

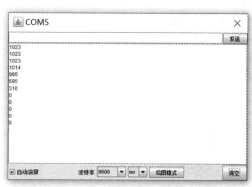

图 1-3-33　用串口监视器观察模拟量信号

4) 观察调光灯程序里的模拟量数据

图 1-3-34 所示程序是调光灯程序。我们将输入模拟数据通过变量 n 进行转换,使得模拟量输入值从 0~1023 的变化转换为 0~255 的变化,与模拟量输出值的变化范围一致。然后将此值送入模拟量输出 D3 端口,就可以看到 D3 引脚的 LED 灯随着电位器 R2 值的

改变而产生明暗的变化。

在串口监视器里可以观察变量 n 的数据变化。

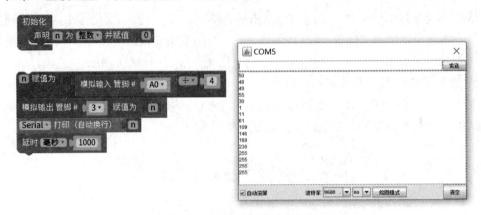

图 1-3-34　观察调光灯程序里的模拟量数据

图 1-3-34 的程序也可以改写为如图 1-3-35 所示的程序，功能是一样的。

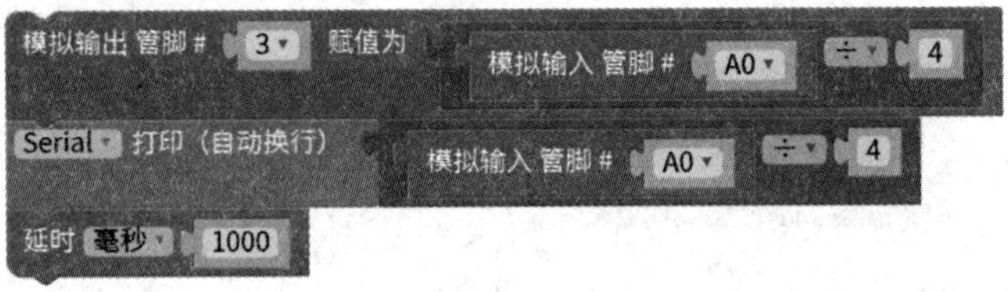

图 1-3-35　观察输入的模拟量值中调光灯程序的另一种写法

5. 用串口通信数据直接控制微控制器上 LED 灯

任务要求：计算机与微控制器使用 USB 数据线连接，要求用计算机键盘"1"和"2"键控制微控制器板上 LED 灯的亮灭。

1) 电路搭建

电路连接如图 1-3-36 所示。

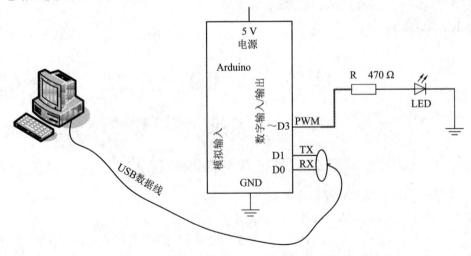

图 1-3-36　用串口通信数据直接控制微控制器上 LED 灯亮灭电路

2) 程序编写与效果演示

图 1-3-37 所示使用串口"读"功能块，Arduino 从计算机接收过来的数据是 ASCII 码值而不是"1""2"数值。

图 1-3-37　串口"读"功能块

图 1-3-38 所示的程序不能控制 D3 引脚 LED 灯的亮灭。将程序下载到 Arduino 模块，打开串口监视器，使用串口打印功能块，将变量"n"的值显示出来，可以看到，在键盘上输入键值"1"，串口监视器接收窗口显示的值是"49"，在键盘上输入键值"2"，串口监视器接收窗口显示的值是"50"。由此可知，功能块串口"读"的返回的数值是 ASCII 码值。

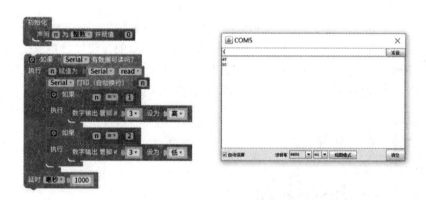

图 1-3-38　使用键盘中的"1"和"2"键控制 LED 灯亮灭程序 1

如果将功能块串口"read"改用功能块串口"parseInt"，如图 1-3-39 所示。

图 1-3-39　功能块串口"parseInt"

这时，从串口监视器上可以看到，计算机从微控制器接收过来的数据转换成整数型数值。在微控制器上可以看到 LED 灯随着串口数据的改变而亮灭，如图 1-3-40 所示。

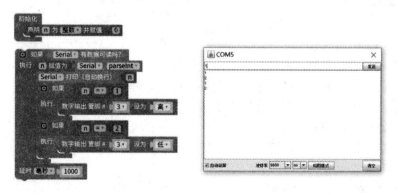

图 1-3-40　使用键盘中的"1"和"2"键控制 LED 灯亮灭程序 2

当然，如果想使显示效果更加明显易懂，也可以让串口打印提示语，如图 1-3-41 所示。

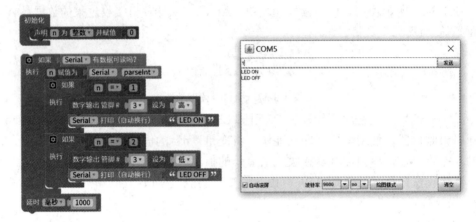

图 1-3-41　串口打印提示语程序

在串口直接输入 0～255 的数值，则可以改变 D3 端口的模拟输出电压值，LED 灯会随之产生明暗的变化，只要在程序中把 D3 的数字输出功能块换成模拟输出功能块即可。如图 1-3-42 所示程序相当于直接通过串口向模拟输出引脚输入模拟量值。

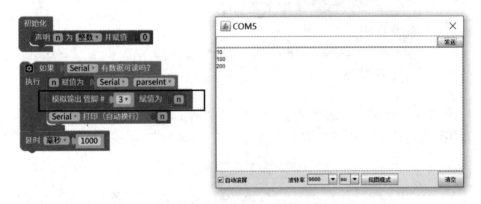

图 1-3-42　在串口直接输入数值控制 LED 灯的明暗变化

【思考与练习】

1. 什么是串口通信？
2. 串口通信的数据格式由哪几部分组成？
3. 按通信的方向分，信道的通信方式有哪些，各有何特点？
4. 什么是波特率，最常用的波特率是多少？
5. 串口通信的作用有哪些？
6. 画出串口通信电路连接图，根据计算机发送数据给微控制器的程序，叙述数据通信的过程。
7. USB 数据线内部有几根线，每根线的作用是什么？

任务 1-4　监控软件组态微控制器实现遥信与遥控功能

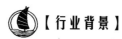【行业背景】

苏州地铁一号线电力监控内容如表 1-4-1 所示。

表 1-4-1　电力监控内容表

	主变电站	牵引降压混合所	降压变电所
遥控	110 kV 断路器/电动隔离开关 变压器二次侧 35 kV 断路器 35 kV 母联断路器 35 kV 馈线断路器 其他切换开关	35 kV 进/出线断路器 35 kV 母联器 35 kV 馈线断路断路器 400 V 进线、母联、三级负荷总开关 1500 V 直流电动隔离开关 1500 V 直流快速断路器 接触网电动隔离开关 35 kV 母联开关自投 重合闸投切	35 kV 进/出线断路器 35 kV 母联断路器 35 kV 馈线断路器 400 V 进线、母联、三级负荷总开关 35 kV 母联开关自投
遥信	遥控开关合/分位置 自动装置位置 远方/当地开关位置 进线检压信号 主变保护信号 馈线保护信号 所用电交/直流系统监测信号 设备自检信号 自动装置动作信号 主变抽头位置	遥控开关合/分位置 自动装置位置 远方/当地位置信号 母线检压信号 35 kV 进/出线保护信号 35 kV 馈线保护信号 整流机组保护信号 动力变压器保护信号 1500 V 直流馈线保护信号 400 V 系统保护信号 设备自检信号 钢轨电位限制装置状态信号 所用电交/直流系统监测信号	遥控开关合/分位置 自动装置位置 远方/当地位置信号 母线检压信号 35 kV 进/出线保护信号 35 kV 馈线保护信号 动力变保护信号 400 V 系统保护信号 设备自检信号 所用电交/直流系统监测信号
遥测	110 kV 电流/电压 110 kV 主变有功功率/有功电度 110 kV 功率因数 110 kV 主变无功功率/无功电度 主变二次侧电流 35 kV 母线电压 35 kV 馈线电流 (交/直流系统有关电量)	35 kV 进/出线电流 35 kV 母线电压 35 kV 母联电流 整流/动力变压器一次侧电流/有功功率/有功电度 整流机组输出电流 1500 V 直流母线电压 1500 V 馈线电流 回流线电流 400 V 进线电流/电压 (交直流系统有关电量)	35 kV 进/出线电流 35 kV 母线电压 35 kV 母联电流 动力变压器一次侧电流/有功功率/有功电度 400 V 进线电流/电压 (交/直流系统有关电量)
遥调	主变压器有载调压		

从表中可以看出，SCADA 系统实现了遥控、遥信、遥测和遥调的功能，也称作"四遥"功能。下面我们将具体介绍什么是"四遥"功能以及 SCADA 系统是如何实现这些功能的。

 【相关知识】

1. 什么是四遥功能

四遥功能源于电力监控系统的远动技术，人们将从管理层发送给设备层的数据称为下行数据，将设备层发送给管理层的数据称为上行数据。从传输数据的种类来分又分为数字量数据和模拟量数据，所以将数字量下行数据称为"遥控"，模拟量下行数据称为"遥调"，数字量上行数据称为"遥信"，而模拟量上行数据称为"遥测"。

四遥功能的关键技术是管理层的上位机和设备层的下位机如何处理数据，掌握了这方面的原理，就会对城市轨道交通电力监控系统有更加深刻的理解。

从数据通信的角度来看，下行数据是管理层的上位机发送数据，而设备层的下位机接收数据的过程；上行数据则是设备层的下位机发送数据，而管理层的上位机接收数据的过程。

从计算机数据传输方向和数据类型来划分：

遥控：管理层上位机向设备层下位机写入数字量数据。

遥信：管理层上位机向设备层下位机读取数字量数据。

遥调：管理层上位机向设备层下位机写入模拟量数据。

遥测：管理层上位机向设备层下位机读取模拟量数据。

数据的写入是指上位机下发指令，控制下位机的执行器件。数据的读取是指上位机接收下位机上传来的数据，而这些数据反映了现场设备的工作状态与工作参数。

写入与读取的区别在于写入要改变数据的值，所以操作时要特别谨慎，正常情况下要进行再次确认，相当于计算机的保存文件操作。而读取不改变数据的值，一般只进行一次操作即可，相当于计算机的打开文件操作。

四遥的实现机制如图 1-4-1 所示。

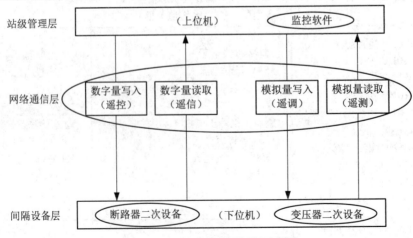

图 1-4-1　四遥的实现机制示意图

2. 上位机发送数字量数据控制下位机

通过 SCADA 系统，变电所的所有供电设备都可以进行远程控制。如断路器的闭合与断开，隔离开关的闭合与断开等。这些功能是如何实现的呢？

从计算机处理数据的角度来说，对断路器和隔离开关的控制就是对数字量信号的处理，那么计算机又是如何控制这些电气设备的呢？

我们通过供电专业的课程可以知道，断路器与隔离开关这些设备的动作都是通过一种叫做"接触器"的执行器件完成的。只要我们能够控制接触器的工作状态，就可以控制断路器与隔离开关这些设备。下面我们试着用计算机来控制接触器。

1) 硬件电路的连接与测试

图 1-4-2 所示为一个简单的数字量电路监控系统。在本电路中，交流接触器可以看作是一个受监控的供电设备，微控制器 Arduino1 则是一个对设备进行数据采集和状态控制的智能控制器，即间隔设备层的下位机。图中的计算机则可以看作是站级管理层的上位机。上位机与下位机通过串口数据线相连，这条线起到网络通信的作用。

此电路要实现的功能是上位机发送命令给下位机，控制交流接触器断开与闭合，下位机采集交流接触器的工作状态数据发送给上位机，并在上位机显示屏上显示出来。

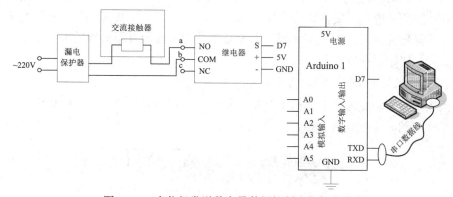

图 1-4-2　上位机发送数字量数据控制下位机电路

2) 器件介绍

(1) 漏电保护器：漏电保护器是当电网泄露电流超过规定值或者发生触电情况时，漏电保护器能够瞬间切断故障电源，保护人身和用电设备的安全。漏电保护器具有过载、短路、漏电保护功能。

漏电保护器实物图如图 1-4-3 所示。

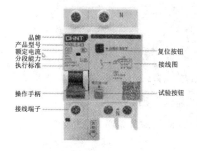

图 1-4-3　漏电保护器实物图

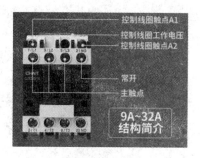

图 1-4-4　交流接触器实物图

(2) 交流接触器：交流接触器的功能是控制大功率器件的电动开关。实物如图 1-4-4 所示。

(3) 继电器/中间继电器：继电器的功能是电气隔离。在图 1-4-2 所示电路中，微控制器的引脚端口不能直接与交流接触器相连，因为微控制器引脚信号电压只有直流 5 V，而交流接触器线圈的电压则是交流 220 V。要在它们之间增加一个驱动电路进行过渡，而中间继电器正是起到这个作用。继电器实物图如图 1-4-5 所示，继电器接线图如图 1-4-6 所示。

图 1-4-5　继电器实物　　　　　　图 1-4-6　继电器接线图

按图 1-4-2 电路接线完成以后，接通 220 V 交流电源，可以用导线让 a、b 之间短路(因为是 220 V 的交流电一定要注意安全)，观察接触器是否动作，如果动作，说明交流电路部分接线正确且器件完好，如果不动作，则检查器件与接线，直至接触器工作正常。接下来我们学习用微控制器控制接触器。

3) 用上位机控制交流接触器触点的断开与闭合

用微控制器控制交流接触器非常简单，只要把如图 1-4-7 所示的功能块下载到微控制器里，交流接触器的触点就会闭合。

图 1-4-7　微控制器控制交流接触器触点闭合程序

而将功能块的电平状态块设为"低"，再下载到微控制器里，交流接触器的触点就会断开。

下面我们尝试一下在上位机上通过串口发送数据来控制交流接触器的状态。将如图 1-4-8 所示的功能块下载到微控制器。

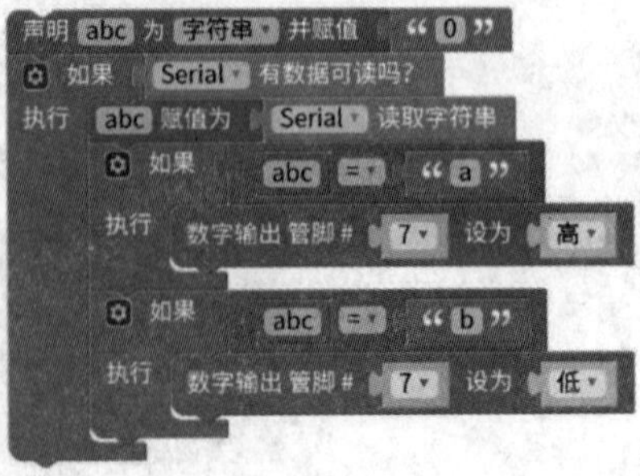

图 1-4-8　通过串口发送数据来控制交流接触器程序

在上位机上打开串口监视器，在发送端输入字符"a"，点击"发送"按钮，可以看到交流接触器触点闭合，如图 1-4-9 所示。输入字符"b"，则交流接触器触点断开。

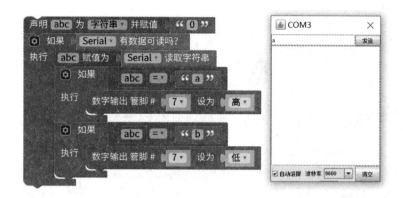

图 1-4-9　通过串口监视器发送数据控制接触器

使用串口监视器控制接触器虽然可以实现，可是在工业现场有大量设备需要监控的情况下非常不便。这时候我们需要一种更方便有效的电气控制方法——组态软件。

3. 组态软件概述

1) 组态软件的概念

组态软件(supervisory control and data acquisition，SCADA)，又称组态监控系统软件。是数据采集与过程控制的专用软件，也指在自动控制系统监控层一级的软件平台和开发环境。这些软件可以把在工业现场的许多电气设备进行组态即配置与设定，实现远程监控。

电力监控系统组态软件监控画面如图 1-4-10 所示。

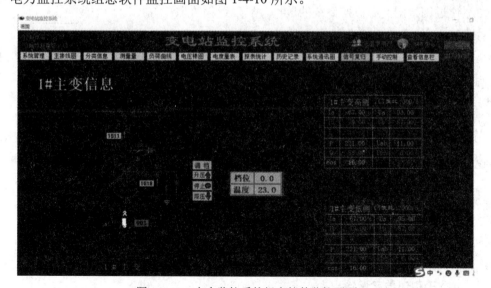

图 1-4-10　电力监控系统组态软件监控画面

组态软件运用计算机编程技术，利用图形、表格与动画方式，实现在管理端的计算机上实时反映远端电气设备的工作过程与运行状态，并对其进行监视与控制。

图 1-4-11 所示图标是电力监控系统一次系统图中断路器状态变化情况。在图(a)中，用

鼠标点击按钮"断开",则右侧的图标为蓝色,表示断路器处于断开状态,用鼠标点击按钮"闭合",则右侧的图标为红色,表示断路器处于闭合状态,如图(b)所示。由此可见,监控软件可以使用动画画面直观反映设备运行状态。

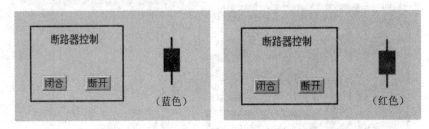

(a) 断路器断开状态   (b) 断路器闭合状态

图 1-4-11   组态软件一次系统图中图标的运行状态变化

2) 组态软件的功能

(1) 读写不同类型的 PLC、仪表、智能模块和板卡,采集工业现场的各种信号,从而对工业现场进行监视和控制。

(2) 以图形和动画等直观形象的方式呈现工业现场信息,方便对控制流程的监视。也可以直接对控制系统发出指令、设置参数干预工业现场的控制流程。

(3) 对从控制系统得到的或自身产生的数据进行记录存储。在系统故障的时候,利用记录的运行工况数据和历史数据,可以对系统故障原因等进行分析定位责任追查等。

(4) 将工程运行的状况、实时数据、历史数据、警告和外部数据库中的数据以及统计运算结果制作成报表,供运行和管理人员参考。

(5) 对工程的运行实现安全级别、用户级别的管理(权限)设置。

(6) 通过因特网发布监控系统的数据,实现远程监控。

3) 城市轨道交通电力监控系统中的组态软件

城市轨道交通的电力系统主要由提供机车电力驱动的变电站和车站供电的变电站组成。电力系统的监控通过 SCADA 系统即数据采集和监控系统来实现的,当前的城市轨道交通电力监控系统就是采用的组态软件。

在工业现场,不同的专业领域对电气设备的监控要求不尽相同,其组态软件也不一样。如无锡地铁 SCADA 系统使用的是国电南自的 NDT650 系统,徐州技师学院轨道交通供电实训室 SCADA 系统使用的是苏州万龙集团的灵控电力自动化系统。无论这些软件有何不同、其作用都是相同的,操作方法也大同小异。为方便教学,我们选用工业领域常用的组态软件"组态王"进行讲解,希望同学们能够举一反三、触类旁通。

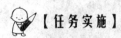 【任务实施】

1. 组态王实现数字量输出

任务要求:

组态王向 Arduino 写入数据,实现数字量(开关量)输出。此功能实质上是实现四遥中的"遥控"功能。

1) 微控制器电路连接

在这里，为简化控制电路，D7 端口连接一个 LED 灯。这个 LED 灯的亮灭就相当于控制断路器的闭合与断开，因为它们的控制原理是相同的。电路连接如图 1-4-12 所示。

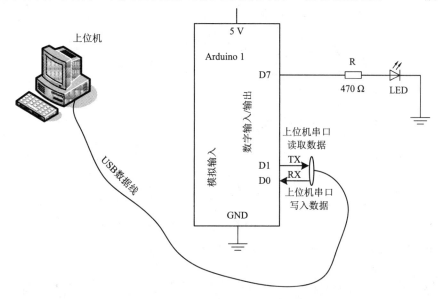

图 1-4-12　组态王实现数字量输出电路连接

微控制器 Arduino1 的 D0 引脚为串口数据接收端口(RX)，用来接收上位机发送过来的数据。D1 引脚为串口数据发送端口(TX)，用来将 Arduino1 的数据发送给上位机。这样就实现了 Arduino1 与上位机的数据传输。

2) 程序编写

Arduino1 程序如图 1-4-13 所示。这段程序的功能是从串口读取上位机发送的字符串数据来控制 D7 引脚电位的高低，D7 引脚电位的高低用 LED 灯的亮灭表示。

从上位机发送数据控制下位机的断路器的通断我们在前面的任务中已经验证过了，下面我们主要讨论如何用组态软件实现对下位机设备的控制。

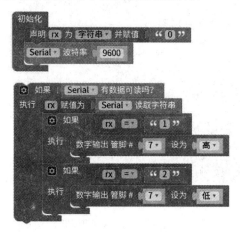

图 1-4-13　Arduino1 程序

3) 组态王组态步骤

(1) 新建工程：新建工程就是给自己的项目创建一个文件夹。在一个项目里要生成许多文件，将这些文件存放在一个工程文件夹里，便于管理和使用。

打开新建工程向导，如图 1-4-14 所示。

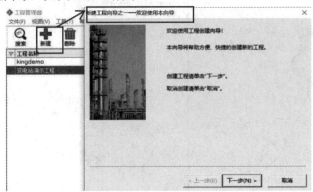

图 1-4-14　打开新建工程向导

选择保存工程文件所在盘符，如图 1-4-15 所示。

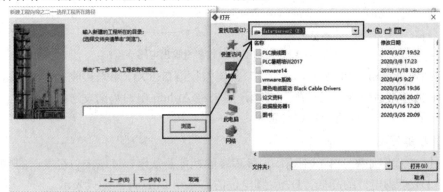

图 1-4-15　选择保存工程文件所在盘符

输入工程名称，如图 1-4-16 所示。

图 1-4-16　输入工程名称

创建完成，如图 1-4-17 所示。

图 1-4-17　创建完成

(2) 设备配置：组态王软件里已经组态好了工业领域知名并且常用的智能电气设备，如三菱 PLC、西门子 PLC、智能仪表和智能面板等。如果使用这些设备，只要在设备菜单里找到相应的设备名，就可以方便地与设备进行通信。当设备菜单里没有相应的设备时，只能使用通用的通信方法自己进行组态。

选择设备，如图 1-4-18 所示。在设备界面，点击"新建"→"北京亚控"→"SendDataToCom"→"COM"，点击"下一步"按钮。

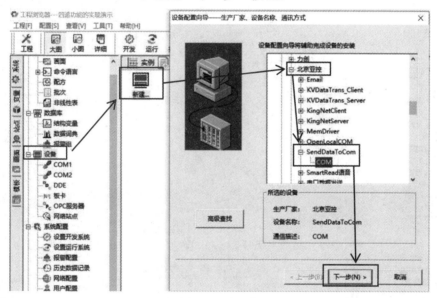

图 1-4-18　选择设备

给设备指定一个逻辑名称，此处的设备逻辑名指定为"arduino1"，如图 1-4-19 所示。选择串口号，须是当前正在使用的串口号，如图 1-4-20 所示。

图 1-4-19　给设备起名　　　　　　　　图 1-4-20　选择串口号

通信参数为默认值，如图 1-4-21 所示。设置结果如图 1-4-22 所示。

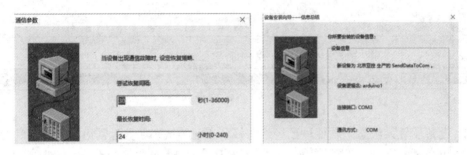

图 1-4-21　通信参数　　　　　　　　　　图 1-4-22　设置结果

串口通信参数设置如图 1-4-23 所示。点击设备中的"COM3"，在右面的串窗口中，用鼠标右键点击"arduino1"图标，弹出"串口设备测试"窗口，在"通信参数"页面，注意"校验"选择"无校验"。

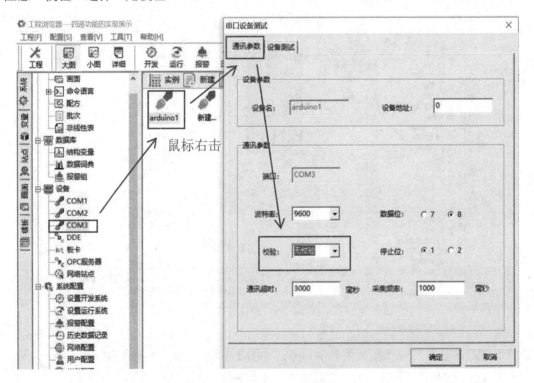

图 1-4-23　串口通信参数设置

(3) 变量配置：监控软件控制远程电气设备是通过对现场设备数据的采集以及向设备发送命令数据而实现的。监控软件对数据的处理是由数据库完成的。数据库是组态王的核心，也是联系上位机和下位机的桥梁。

工程浏览器左侧的"数据库"菜单栏里，有"数据词典"条目，可以配置变量。变量的作用是在存储器里开辟一个存储空间，以便存放通信数据。如上位机要发送数据给下位机，就可以设置一个变量将数据存放于此。

数据库中存在的变量有"I/O 变量"和"内存变量"两类。"I/O 变量"是指组态王与外部设备交换数据的变量。"内存变量"是指在组态王内需要处理的数据变量，如计算过程的中间变量等。

其中"寄存器"是暂时存储通信数据的存储单元。"读写属性"如果选择"写"，则是发送数据，如果选择"读"，则是接收数据。

组态王变量如表 1-4-2 所示。

表 1-4-2　组态王变量表

变量名称	变量类型	对应 Arduino 软元件
DO	I/O 字符串	D7 端口数字量输出

设置变量 DO，如图 1-4-24 所示。

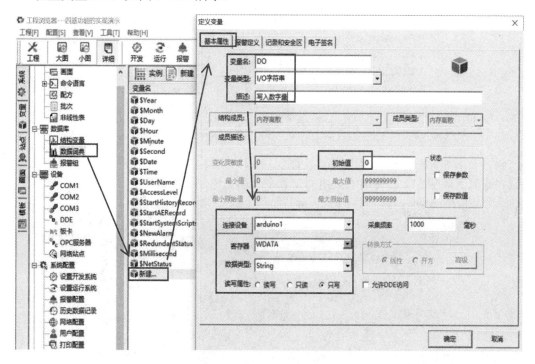

图 1-4-24　设置变量 DO

设置结果如图 1-4-25 所示。

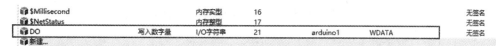

图 1-4-25　变量 DO 设置结果

(4) 画面配置：通过配置画面，可以将远端设备的状态与参数变化形象地在显示器上显示，方便对远端的设备进行监控。例如可以用工具栏中的按钮，对断路器进行"闭合"和"断开"的操作，还可以用图库中的指示灯，显示断路器的工作状态等。

① 新建画面，如图 1-4-26 所示。

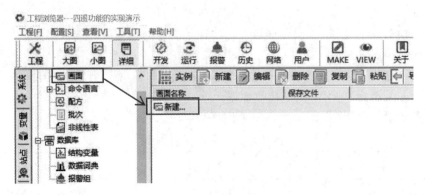

图 1-4-26　新建画面

填写画面名称，如图 1-4-27 所示。

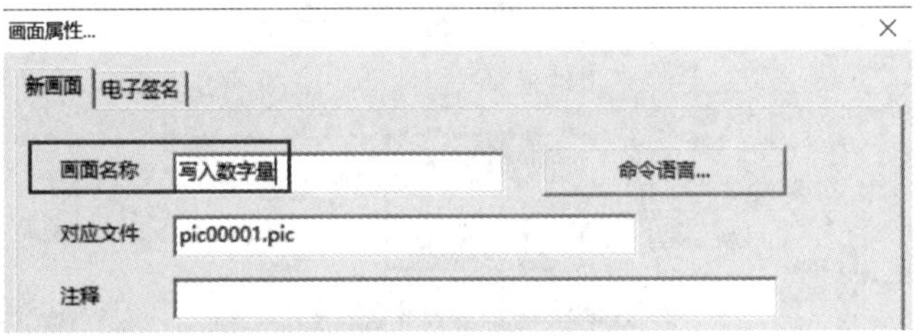

图 1-4-27　填写画面名称

画面上添加说明文字及两个按钮，如图 1-4-28 所示。在"工具箱"中，使用"文本"工具在画面上添加文字，使用"按钮"工具在画面上添加按钮。

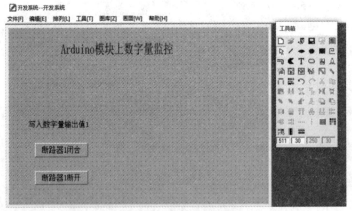

图 1-4-28　画面上添加说明文字及两个按钮

② 创建按钮"断路器 1 闭合"的动画连接。

所谓动画连接，就是将按钮的动作与上位机向下位机发送数据关联起来。组态王向微控制器发送数据的机制是只要将要发送的数据放入变量名为"DO"的存储单元里，组态王就会将此数据自动发送给微控制器。因为变量"DO"的属性被设置为"只写"。

接下来我们要手动将"按下按钮断路器 1 闭合"的动作与"向存储单元 DO 存入字符串 1"的事件关联起来。这也是命令语言"\\local\DO = "1";"的含义。有了这条命令，每按下一次按钮"断路器 1 闭合"，上位机就向下位机发送一次字符串数据"1"，如图 1-4-29

所示。

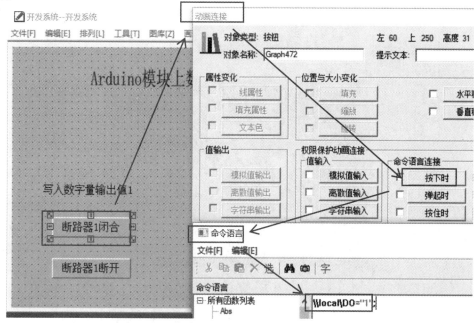

图 1-4-29　创建按钮"断路器 1 闭合"的动画连接

同样的方法，使用命令"\\local\DO="2";"后，按下按钮"断路器 1 断开"，上位机即向存储单元"DO"存入字符串"2"，每按下一次按钮"断路器 1 断开"，上位机就向下位机发送一次字符串数据"2"如图 1-4-30 所示。

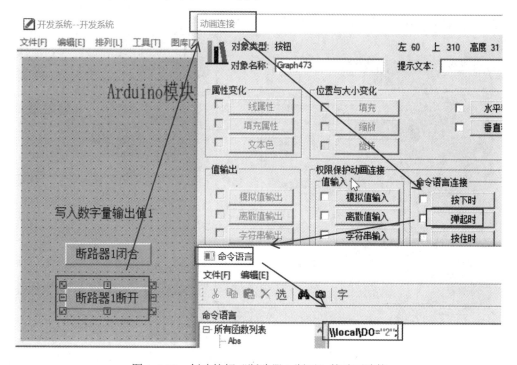

图 1-4-30　创建按钮"断路器 1 断开"的动画连接

(5) 运行结果：如图 1-4-31 所示。按下"断路器 1 闭合"按钮，Arduino 板上 D7 引脚连接的 LED 灯点亮，按下"断路器 1 断开"按钮，Arduino 板上 D7 引脚的 LED 灯熄灭。

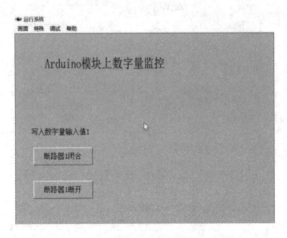

图 1-4-31　运行结果界面

2. 组态王实现数字量数据输入

任务要求：

组态王向 Arduino1 读取数据，实现数字量(开关量)输入。此功能实质上是实现四遥中的"遥信"功能。

1) 程序编写

使用组态王软件向 Arduino 读取数据程序，如图 1-4-32 所示。

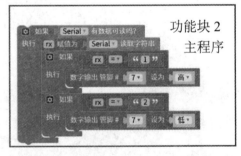

图 1-4-32　组态王向 Arduino1 读取数据程序

功能块 1 为定时器功能块，它的工作机制是：每过 500ms，CPU 就会暂停主程序的运行，而去执行定时器模块里的功能块。当定时器里的功能块执行完毕后 CPU 又会回到刚刚暂停的主程序功能块处继续运行主程序。这种机制相当于 CPU 可以同时做两件事情，从而增加了 CPU 工作的灵活性。

2) 组态王的变量配置

(1) 新增加变量：新增加变量如表 1-4-3 所示。

表 1-4-3 组态王变量表

变量名称	变量类型	对应 Arduino 软元件
DI	I/O 字符串	D7 端口数字量输入
断路器 1 状态	内存离散	

① 设置变量 DI，旨在存储器里开辟一个存储空间，存储从下位机读取的数据。Arduino1 将数据发送上来，要先存入寄存器"RDATA0.2"里，变量的读写属性设置为"只读"，上位机会将寄存器里的数据存入变量"DI"里供上位机使用，如图 1-4-33 所示。

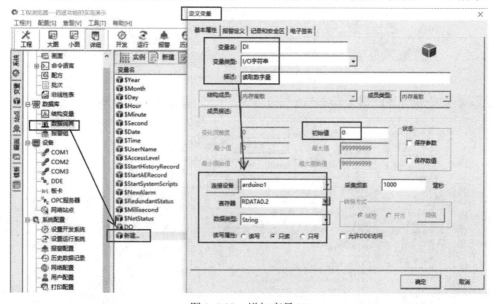

图 1-4-33 增加变量 DI

如果寄存器设置不正确，就会弹出，如图 1-4-34 所示窗口。可以点击"帮助"按钮，查看详细的设置方法。

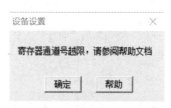

图 1-4-34 设备设置提示窗口

帮助内容窗口如图 1-4-35 所示，可以知道寄存器的数据格式。读取数据的格式是RDATAm.n。其中 m 为显示接收字符串的起始位置，n 为显示接收字符串的长度。可知设置寄存器的数据格式为 RDATA0.2 的含义为读取数值从第 0 位开始，数据长度为 2 位。

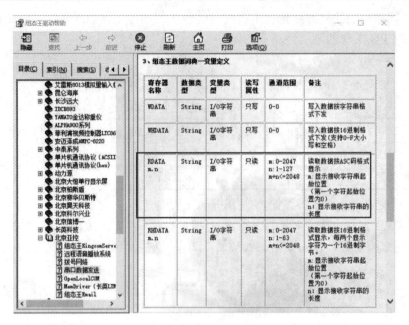

图 1-4-35　查询寄存器的数据格式

② 增加变量"断路器1状态"如图 1-4-36 所示。此变量用来关联指示灯。

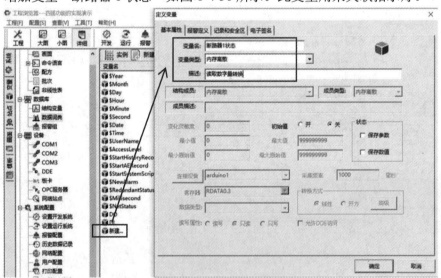

图 1-4-36　增加变量"断路器1状态"

新增加变量如图 1-4-37 所示。

$RedundantStatus		内存整型	15		
$Millisecond		内存实型	16		
$NetStatus		内存整型	17		
DO	写入数字量	I/O字符串	21	arduino1	WDATA
DI	读取数字量	I/O字符串	22	arduino1	RDATA0.2
断路器1状态	读取数字量转换	内存离散	23		
新建…					

图 1-4-37　新增加变量

（2）串口测试：点击"arduino1"图标，打开"窗口设备测试"窗口，选中"设备测试"页面，选择如图 1-4-38 所示参数。按下"添加"按钮，可以在"采集列表"窗口看到变量值。D7 高电位，变量值为 a2，D7 接低电位，变量值为 a1。这里的"a1"，"a2"值就是从微控制器发送来的表示断路器工作状态的数据。

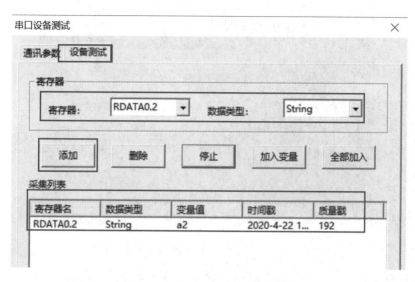

图 1-4-38　断路器工作状态数据测试

（3）画面配置：打开"写入数字量"画面，在画面中打开"图库"，添加"指示灯"，如图 1-4-39 所示。

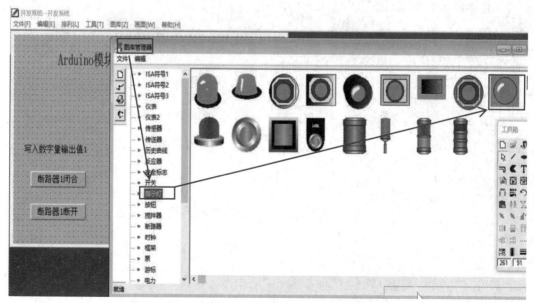

图 1-4-39　在画面中打开"图库"并添加"指示灯"

选取"指示灯"并且组态指示灯。

指示灯的变量类型只是"内存离散"型，要想让指示灯的变化随着设备的状态而改变，要先定义一个"内存离散"型变量存储指示灯状态数据。如图 1-4-40 所示。

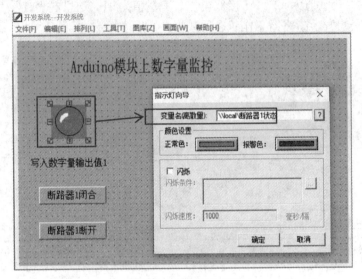

图 1-4-40　组态指示灯

(4) 程序编写：手动将从下位机读取的设备状态数据与指示灯状态的数据联系起来，使用如图 1-4-41 所示的两行程序可完成这一动作。

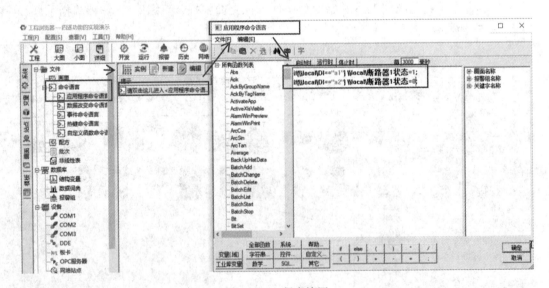

图 1-4-41　程序编写

(5) 运行结果：如图 1-4-42 所示，按下"断路器 1 闭合"按钮，Arduino1 上面 D7 引脚的 LED 灯亮，指示灯颜色变为红色。如图 1-4-43 所示，按下"断路器 1 断开"按钮，Arduino 上面 D7 引脚的 LED 灯灭，指示灯颜色变为灰色。

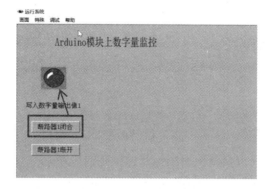

图 1-4-42　按下"断路器闭合"按钮的效果

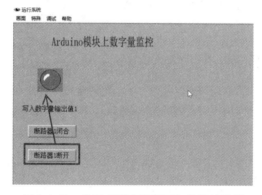

图 1-4-43　按下"断路器断开"按钮的效果

 【思考与练习】

1. 在 SCADA 系统中，管理层(上位机)实现监控功能通常使用的是什么软件？
2. 组态软件的特点。
3. 举例说明间隔设备层常见的数字量信号与模拟量信号。
4. 怎样理解 SCADA 系统中数据的读取和数据的写入？
5. 总结归纳组态王组态一个数字量输出的实现步骤。
6. 如何实现组态王组态两个数字量数据的输入与输出？

任务 1-5　监控软件组态微控制器实现遥测与遥调功能

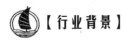

【行业背景】

城市轨道交通电力监控内容——模拟量的监控。

1. 无锡地铁牵引降压混合变电所模拟量监控范围

无锡地铁牵引降压混合变电所模拟量监控内容如表 1-5-1 所示。

表 1-5-1　无锡地铁牵引降压混合变电所模拟量监控内容表

名　称	内　　容
遥测	35 kV 进线电流/母线电压 整流机组输入输出电流/有功功率/有功电度 DC1500V 母线电压/馈线电流 35 kV/400V 变压器电流/有功功率/有功电度 400V 进线电流/母线电压/功率因数 400V 主要馈线电流/功率因数/有功电度等 回流电流 直流辅助电源装置直流母线电压 钢轨对地电位 整流变压器各相温度 动力变压器各相温度
遥调	

2. 徐州地铁 1 号线 SCADA 系统遥测画面

徐州地铁 1 号线 SCADA 系统遥测画面如图 1-5-1 所示。通过遥测功能，所有变电所设备的电压、电流和功率的数据都可以实时显示出来，从而能够监测设备是否正常运行。

测点名	子类型	刷新时间	当前值
凯华交直流屏_电池组电压	电压	2019-12-02 04:16:20.949	240.70
凯华交直流屏_充电模块输出电压	电压	2019-12-02 09:04:41.282	241.00
凯华交直流屏_母线电压	电压	2019-11-26 04:42:25.150	224.60
凯华交直流屏_电池电流	电流	2019-12-01 13:03:13.676	0.00
凯华交直流屏_母线电流	电流	2019-12-02 15:25:56.817	7.60
凯华交直流屏_正母线对地电压	电压	2019-12-02 15:25:51.903	111.50
凯华交直流屏_负母线对地电压	电压	2019-12-02 15:26:01.673	112.60
凯华交直流屏_正母线对地电阻	电压	2019-09-08 11:38:02.901	999.90
凯华交直流屏_负母线对地电阻	电压	2019-08-29 10:51:26.366	999.90
凯华交直流屏_母线对地交流电压	电压	2019-08-04 00:36:47.589	0.00
凯华交直流屏_直流屏交流1路AB相电压	电压	2019-12-02 15:21:36.888	400.00
凯华交直流屏_交流屏交流2路AB相电压	电压	2019-12-02 15:26:01.673	400.00
凯华交直流屏_交流屏交流2路BC相电压	电压	2019-12-02 15:25:51.903	399.80
凯华交直流屏_交流屏交流2路CA相电压	电压	2019-12-02 15:26:01.673	400.50
凯华交直流屏_交流屏交流2路A相电流	电压	2019-12-02 12:38:36.549	0.00
凯华交直流屏_交流屏交流2路B相电流	电压	2019-12-02 15:25:56.817	0.40

图 1-5-1　SCADA 系统遥测画面

【相关知识】

　　我们在变电所控制室的计算机显示屏上看到的许多电力设备上的参数值，如电力设备上的实时的电压值，电流值，功率值等，实际上这些数据属于计算机对模拟量数据的处理。这些数值计算机是如何采集到的，又是如何显示到计算机显示屏上的呢？下面我们通过一个实验，让大家感受一下模拟数据采集的过程。

　　这个实验的要求是用微控制器采集 220 V 的交流市电电压，并将电压值显示在计算机的显示屏上。

1. 上位机通过微控制器采集模拟量数据电路连接

　　另外使用一块微控制器板 Arduino2 作为下位机采集设备端模拟量数据电路连接如图 1-5-2 所示，测试电路中加入了交流调压器是为了能够观察交流电压变化时的情况。

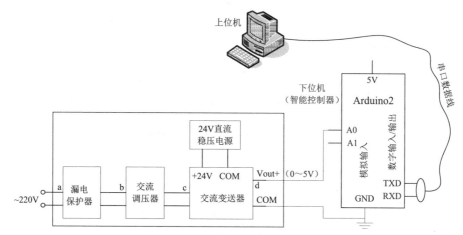

图 1-5-2   上位机通过微控制器采集模拟量数据电路

2. 器件介绍

1）漏电保护器

漏电保护器在本项目任务 4 中已介绍，其实物如图 1-4-3 所示。

2）交流调压器

其作用是调节交流电压的输出值。交流调压器实物如图 1-5-3 所示。

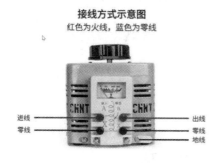

图 1-5-3   交流调压器实物

图 1-5-4   交流变送器实物

3) 交流变送器

交流变送器是将交流电压的变化转换成 0～5 V 的直流电压的变化。此交流变送器的输入电压范围是 0～500 V，交流变送器实物如图 1-5-4 所示。

漏电保护器、交流调压器和交流变送器电路连接好之后，暂时不要连接微控制器。首先接通交流电源，测试用图 1-5-2 黑线框起来的电路部分。用万用表的交流电压档测量 a 点电压，检测电源电压是否正常。测量 b 点电压，检测漏电保护器是否正常输出。测量 c 点电压，检测交流调压器是否正常工作。如果正常工作，可以调节交流调压器的旋钮，可以调出 0～250 V 变化的交流电压值。注意，测量 d 点电压时万用表要换到直流电压档。调节交流调压器，在 d 点可以得到 0～5 V 的可调的直流电压。

以上测试结果正常之后，再将交流变送器的输出端与微控制器连接，进行下面的内容。

3. 用微处理器采集电压数据

将变送器输出的模拟信号接入微处理器模拟输入端口 A0，写入如图 1-5-5 所示程序，打开 Mixly 软件的串口监视器，可以看到微处理器已经把 0～220 V 的交流电转换成 0～570 左右的范围变化的数字信号。

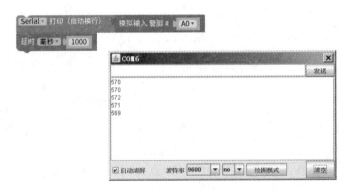

图 1-5-5　微处理器采集电压数据程序

可以看出，交流电压调到 220 V 时，模拟数据输入值是 570 左右。

现在做一下变换，将 0～570 之间的数值的变化转换成 0～220 V 电压的变化量。将如图 1-5-6 所示程序下载到微处理器，观察串口监视器的输出结果。

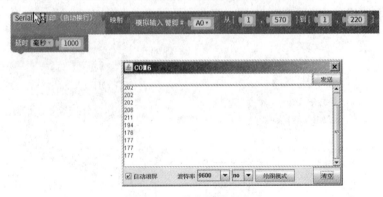

图 1-5-6　数值转换程序

之后调节交流电压值，计算机串口输出端口就可以看到随交流电压变化的交流电压数值，这样我们就采集到了实际的交流电压。

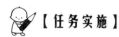【任务实施】

1. 组态王实现模拟量数据输入

任务要求：组态王向 Arduino2 读取数据，实现模拟量数据输入。此功能实质上是实现四遥中的"遥测"功能。

1) Arduino2 电路连接

组态王实现模拟量数据输入电路如图 1-5-7 所示。为了简化电路，这里的模拟量输入信号使用电位器 RP_1 电路实现。

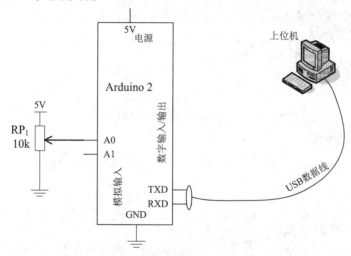

图 1-5-7 组态王实现模拟量数据输入电路

2) Arduino2 程序编写

Arduino2 采集模拟量数据程序如图 1-5-8 所示。

图 1-5-8 Arduino2 模块采集模拟量数据程序

在不进行数据转换的情况下，虽然从 Mixly 串口监视器能读出 A0 端口的模拟量数据，但是从组态王上读出的数据显示不正常。这是因为组态王要求传输的数据位数是固定的，而 Arduino2 采集的模拟量的数据位数是不固定的，所以接收过来的数据会出现问题。解决的办法是先将数据进行转换，再将数据上传。

具体的思路是将数据先转换成 ASCII 码，然后将每次传递的数据都组合成 4 位数字，然后上传给上位机，这样上位机就可以显示出正确的数值。改进的 Arduino2 模块采集模拟量数据程序如图 1-5-9 所示。

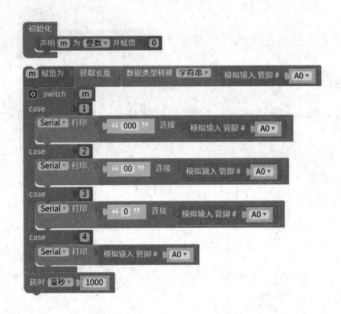

图 1-5-9　改进的 Arduino2 模块采集模拟量数据程序

3) 组态王设置步骤

(1) 添加模拟量数据采集设备 Arduino2，选择设备如图 1-5-10 所示。

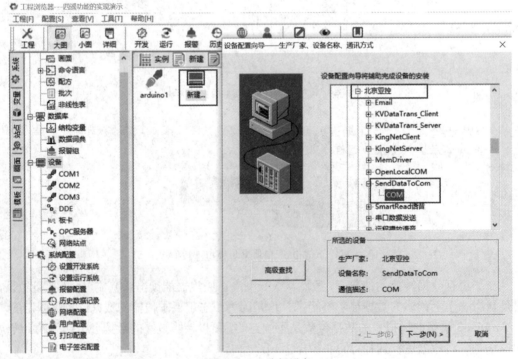

图 1-5-10　选择设备

添加设备名称，这是第二块微处理器板，命名为 Aduino2，如图 1-5-11 所示。

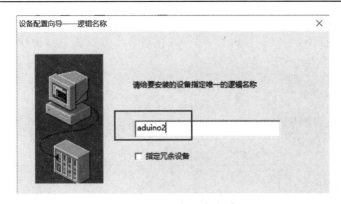

图 1-5-11 添加设备名称

选择通信串口，根据实际情况选择与设备所连接的串口，微控制器用的是 COM3 端口，如图 1-5-12 所示。

图 1-5-12 选择通信串口

完成设置，如图 1-5-13 所示。

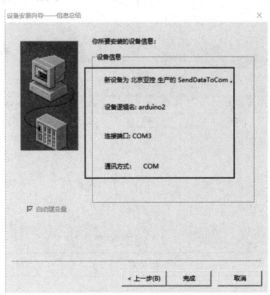

图 1-5-13 完成设置

(2) 测试数据通信：在"串口设备测试"窗口的"设备测试"页面，选择正确的寄存器及数据类型，先按下"添加"按钮，使得寄存器名与数据类型都出现在"采集列表"栏目下，如图 1-5-14 所示。

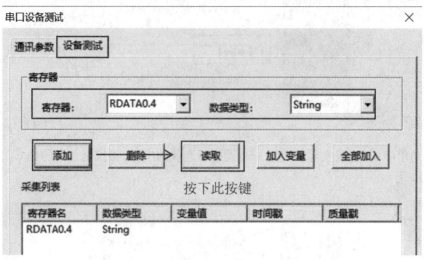

图 1-5-14　测试数据通信

按下"读取"按钮后，如图 1-5-15 所示，框选处为读取的模拟量数据。

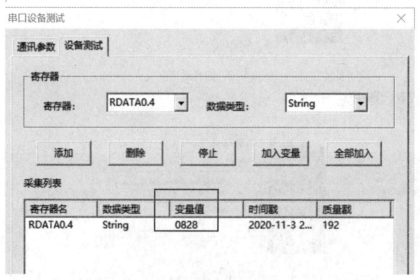

图 1-5-15　读取的模拟量数据

(3) 新增加变量：新增加变量如表 1-5-2 所示。

表 1-5-2　组态王变量表

变量名称	变量类型	对应 Arduino 软元件
模拟量读取	I/O 字符串	A0 端口模拟量输入
显示电压 1	内存整数	

增加变量"模拟量读取",如图 1-5-16 所示。注意,此处的变量类型选择"I/O 字符串",寄存器选择"RDATA0.4",这里的"0"显示接收字符串起始位置,"4"显示接收字符串的长度。数据类型选择"String"。

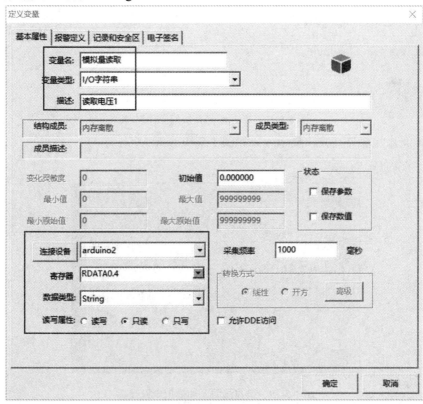

图 1-5-16　增加变量"模拟量读取"

增加变量"显示电压 1",如图 1-5-17 所示。

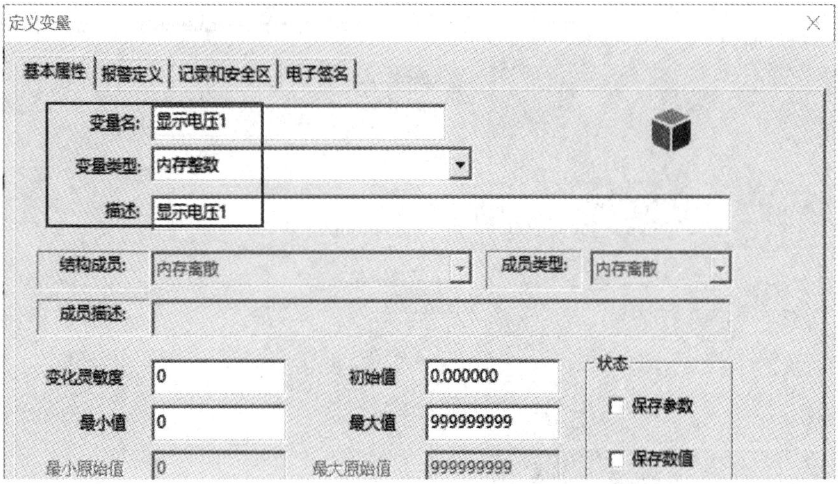

图 1-5-17　增加变量"显示电压 1"

(4) 画面配置:新建画面,填写画面名称,如图 1-5-18 所示。

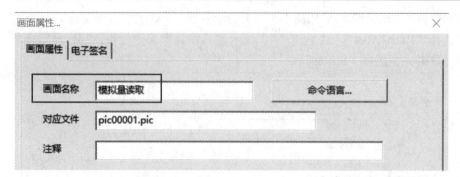

图 1-5-18　新建画面并填写画面名称

新建画面添加部分完成。显示效果如图 1-5-19 所示。

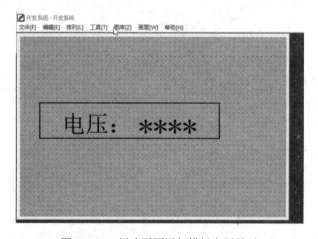

图 1-5-19　新建画面添加模拟电压显示

配置模拟量读取值动画连接，如图 1-5-20 所示。

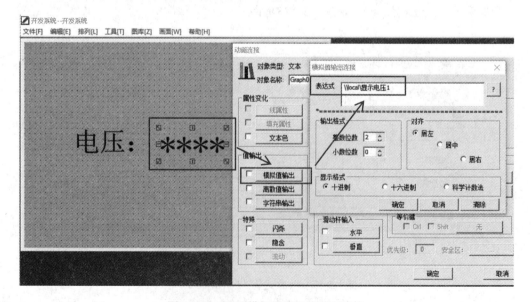

图 1-5-20　配置模拟量读取值动画连接

(5) 程序编写：添加程序命令语言 "\\local\显示电压 1 = StrToInt(\\local\模拟量读取);"，如图 1-5-21 所示。

此句程序的功能是将从下位机采集的数据(I/O 字符串变量"模拟量读取"里的值)与组态王画面上要显示的数据(内存整数变量"显示电压 1"里的值)相关联，并且将数据类型进行转换(将字符串数据转换为整型数据)，这样才能将电压值正确地显示出来。

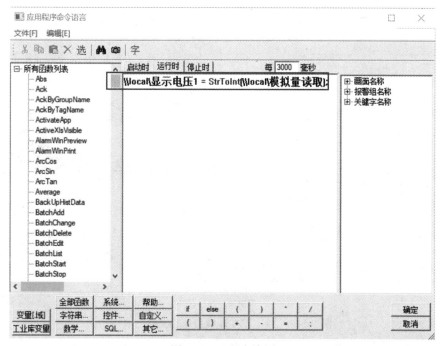

图 1-5-21　程序编写

(6) 运行结果：如图 1-5-22 所示，调节接在 A0 端口的电位器，可以看到"显示电压 1"对应的数值随之改变。

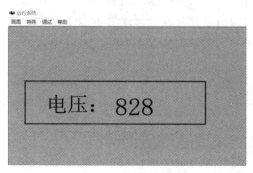

图 1-5-22　运行结果

2. 组态王实现模拟量数据输出

任务要求：组态王实现模拟量数据的输出，即上位机写入模拟值数据，下位机 Arduino2 板的模拟输出端口 D6 输出相应的模拟量(0～5 V 电压)，从而实现四遥功能中的"遥调"功能。

1) 电路连接

组态王实现模拟量数据输出电路如图 1-5-23 所示。这里在 D6 端口连接了一个 LED 发光二极管，D6 端口具有 PWM 功能，可以输出 0～5 V 连续变化的模拟电压值，发光二极管便会产生明暗的变化。

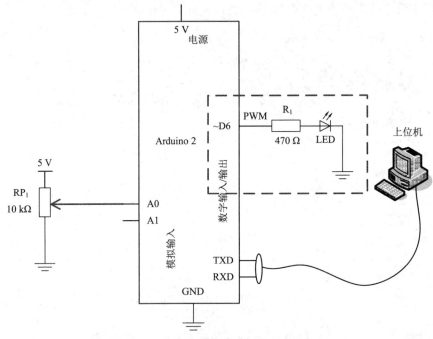

图 1-5-23　组态王实现模拟量数据输出电路

2) Arduino2 程序编写

Arduino2 程序如图 1-5-24 所示。功能块 1 为主程序模块，它的功能是 Arduino2 接收上位机发送来的模拟量数据，并将此字符串数据转换为整型数据，再从模拟输出端口 D6 输出模拟数据(D6 端口输出 0～5 V 电压)，从而驱动执行器件。

此段程序将读取的模拟量数据移入功能块 2 的定时器里，定时读取 A0 的模拟数据，这样模拟量读取与模拟量写入的数据相互不影响。

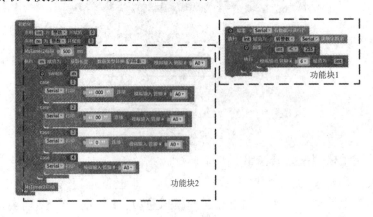

图 1-5-24　Arduino 程序

3) 组态王组态步骤

(1) 增加变量：增加变量如表 1-5-3 所示。

表 1-5-3 组态王变量表

变量名称	变量类型	连接设备	寄存器	对应 Arduino 软元件	备注
模拟量写入	I/O 字符串	Arduino2	WDATA	~D6 端口模拟量输出	写入模拟量
变压器调压	内存整数				模拟量数值转换

增加变量"模拟量写入"，如图 1-5-25 所示。

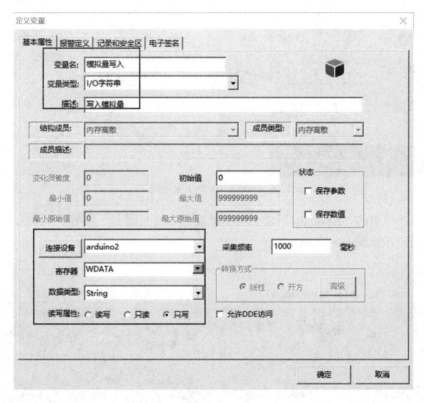

图 1-5-25 增加变量"模拟量写入"

增加变量"变压器调压"，如图 1-5-26 所示。

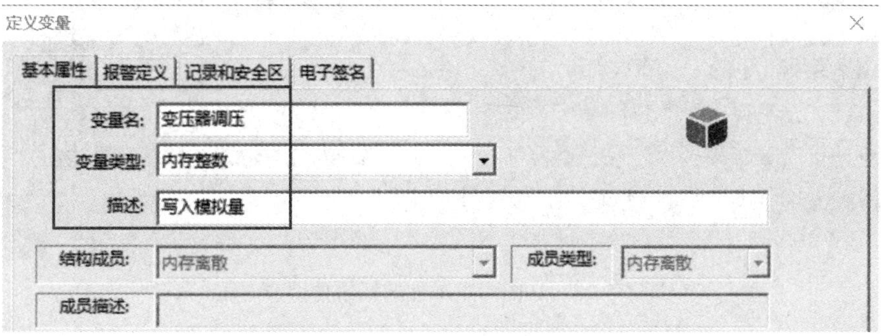

图 1-5-26 增加变量"变压器调压"

(2) 画面配置：画面增加组件，如图 1-5-27 所示，点击文本位置的"****"号，在动画连接窗口点击"模拟量输入"，使用文本调压。

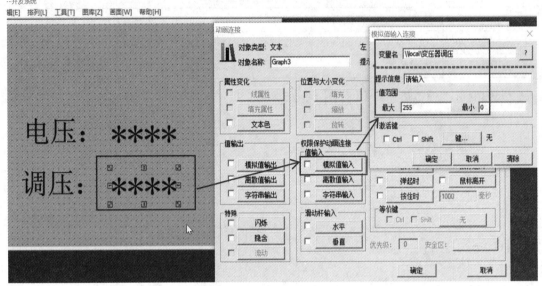

图 1-5-27　使用文本调压

也可以在原有的"Arduino 模块上数字量监控"的画面上，从图库中添加游标组件，进行电压调节，如图 1-5-28 所示。

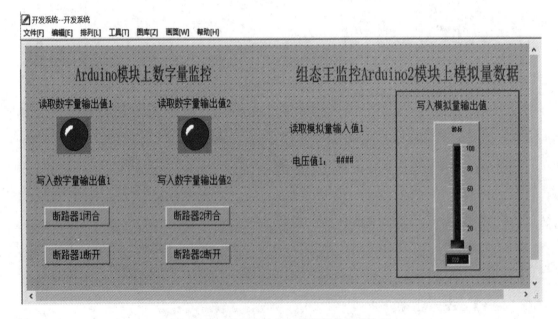

图 1-5-28　从图库中添加游标组件调节电压

游标参数设置如图 1-5-29 所示。

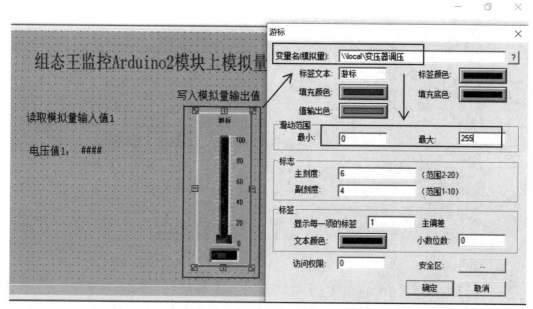

图 1-5-29 游标参数设置

(3) 增加程序编写：程序编写如图 1-5-30 所示。

添加应用程序命令 "\\local\模拟量写入=StrFromInt(\\local\变压器调压,10);"。

此代码的功能是将上位机输入的变量"变压器调压"里的数值量数据转换成字符串类型(注意输入的数据是十进制数据，而上位机组态王串口发送的数据类型只能是字符串类型)，然后将数据放入变量"模拟量写入"里，再通过串口发送给下位机。

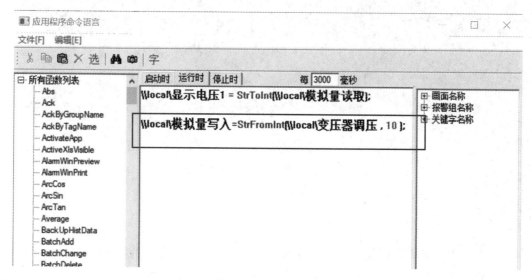

图 1-5-30 程序编写

(4) 运行结果：如图 1-5-31 所示，在文本位置点击"****"号，弹出输入窗口，输入 0~255 之间的任意数值，可以看到 D6 端口的 LED 灯明暗变化。

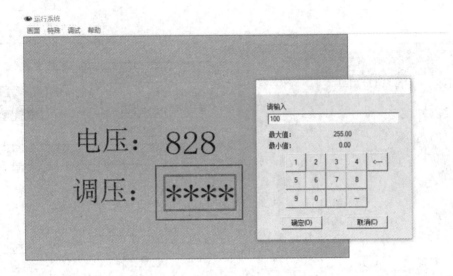

图 1-5-31　运行结果

也可以在原有的"Arduino 模块上数字量监控"的画面上，拖动游标的操纵杆，使之产生不同的数值量数据，可以看到 D6 端口的 LED 灯会产生明暗的变化。此数值量的调节范围是 0～255 之间，数值越大，LED 灯越亮，如图 1-5-32 所示。

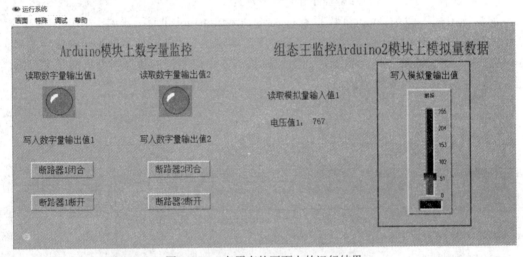

图 1-5-32　在原有的画面上的运行结果

 【思考与练习】

1. 画出组态王读取下位机 Arduino2 模块采集 220 V 交流电压数据的电路图。
2. 总结出组态王读取一个设备模拟量数据的步骤。
3. 写出组态王组态一个模拟量输出数据 Arduino2 模块的程序。
4. 如何实现组态王组态两个模拟量数据输入？

项目 2　用 PLC 处理数据

PLC 是一种属于现场级的控制装置，由于功能强大，可以简单地视其为具有特殊结构的工业计算机，对比一般的计算机有更强的工业控制接口，具有更适用于控制要求的编程语言。PLC 自诞生以来以其可靠、使用方便、经济等特点已成功并广泛地应用于各种需要程序控制的场合，几乎涉及了所有的工业领域，在城市轨道交通电力监控系统中也有许多的应用。

在本项目单元，我们将具体学习 PLC 是如何采集数据并对电气设备进行控制的。

任务 2-1　使用 S7-200SMART 前的准备工作

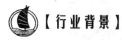【行业背景】

1. 苏州地铁变电所交流屏西门子设备

图 2-1-1 所示为苏州地铁公司变电所交流屏西门子设备，苏州地铁公司变电所交流屏部分通过西门子 PLC S7-200 采集数据后，转成数字量数据，由串口线接至交流屏后侧端子排再转接进 35 kV WTS-65C 网络通信模块串口。

图 2-1-1　变电所交流屏西门子设备

2. 徐州地铁轨道交通供电系统可视化接地装置

可视化接地装置用于城市轨道交通正线或车辆段、停车场的接触网(接触轨)，可减少检修时间、提高检修效率、确保工作人员的人身安全，达到运营安全、可靠、经济的目的。装置具备本地操作及远程管理功能，可选择通过 TCP/IP 网络或通信通道上传数据，实现远程自动挂拆地线票据。

图 2-1-2 所示为徐州地铁轨道交通供电系统可视化接地装置中的 PLC，使用的是施耐德(Schneider)公司的产品。

图 2-1-2　徐州地铁轨道交通供电系统可视化接地装置中的 PLC

【相关知识】

1. S7-200 SMART 的特点

S7-200 SMART PLC 主机外形如图 2-1-3 所示。

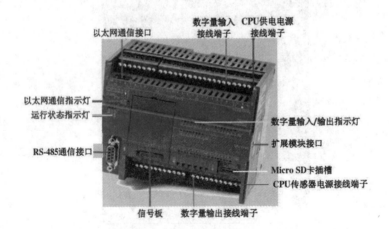

图 2-1-3　S7-200 SMART PLC 主机外形

S7-200 SMART CPU 模块如图 2-1-4 所示，该模块也称为主机，由微控制器、集成电源与数字量输入/输出单元组成。它们被紧凑地安装在一个独立的装置中，构成了一个独立的控制系统。

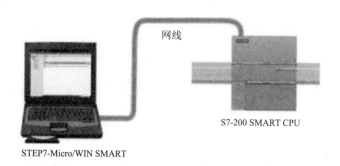

网线

S7-200 SMART CPU

STEP7-Micro/WIN SMART

图 2-1-4　S7-200 SMART CPU 模块

S7-200 SMART 系列 PLC 是在 S7-200 系列 PLC 的升级版，它具有以下新的优良特性：

1) 机型选择多

该系列提供不同类型、I/O 点数丰富的 CPU 模块，单体 I/O 点数最高可达 60 点，可满足大部分小型自动化设备的控制需求。

2) 实用的扩展选件

信号板设计可扩展通信端口、数字量通道、模拟量通道。在不额外占用电控柜空间的前提下，信号板扩展能更加符合使用者的实际配置，提高产品的利用率，同时降低使用者的扩展成本。

3) 芯片性能提升

配备西门子专用高速处理器芯片，基本指令执行时间可达 0.15 μs，在同级别小型 PLC 中处于领先地位。功能更强的处理器芯片能够在应对复杂的程序逻辑及较高工艺要求时有更好的表现。

4) 以太网接口经济便捷

CPU 模块本体标配以太网接口，集成了强大的以太网通信功能。省去了专用编程电缆，一根普通的网线即可将程序下载到 PLC 中，方便快捷。通过以太网接口还可与其他 CPU 模块、触摸屏、计算机进行通信，轻松组网。

5) 通用 SD 卡

本机集成 Micro SD 卡插槽，使用市面上通用的 Micro SD 卡即可实现程序的更新和 PLC 固件升级，方便客户工程师对最终用户的服务支持，也减少了因 PLC 固件升级返厂服务的不便。

6) 整合集成紧凑

SIMATIC S7-200 SMART 可编程控制器，SIMATIC SMART LINE 触摸屏和 SINAMICS V20 变频器的整合，为客户带来高性价比的小型自动化解决方案，满足客户对于人机交互、控制、驱动等功能的全方位需求。

2. S7-200 SMART 硬件组成

1) CPU 模块

S7-200 SMART 具有两种不同类型的 CPU 模块——标准型和经济型,全方位满足不同行业、不同客户、不同设备的各种需求。标准型作为可扩展 CPU 模块,可满足对 I/O 规模有较大需求且逻辑控制较为复杂的应用;而经济型 CPU 模块直接通过单机本体满足相对简单的控制需求。

2) 信号板

对于少量 I/O 点数扩展、更多通信端口的需求,全新设计的信号板能够提供更加经济、灵活的解决方案。

3) 网络通信

S7-200 SMART CPU 模块本体集成 1 个以太网接口和 1 个 RS485 接口,通过扩展 CM01 信号板,其通信端口数量最多可增至 3 个。可满足小型自动化设备连接触摸屏、变频器等第三方设备的众多需求。满足以下三种通信:

(1) 以太网通信:所有 CPU 模块标配以太网接口,支持西门子 S7 协议、TCP/IP 协议,有效支持多种终端连接。可作为程序下载端口(使用普通网线即可),可与 SMART LINE HMI 进行通信,可以通过交换机与多台以太网设备进行通信,实现数据的快速交互,最多支持 4 个设备通信。

(2) 串口通信:S7-200 SMART CPU 模块均集成 1 个 RS485 接口,可以与变频器、触摸屏等第三方设备通信。如果需要额外的串口,可通过扩展 CM01 信号板来实现,信号板支持 RS232/RS485 自由转换,最多支持 4 个设备。

串口支持 Modbus-RTU、PPI、USS 和自由口通信协议。

(3) 与上位机的通信:通过 PC Access,操作人员可以轻松通过上位机读取 S7-200 SMART 的数据,从而实现设备监控或者进行数据存档管理。

3. S7-200 SMART 的通信方式

CPU 可与以太网中的 STEP 7-Micro/WIN SMART 编程设备进行通信,可与 RS485 中的 STEP 7-Micro/WIN SMART 编程设备进行通信。如图 2-1-5 所示。

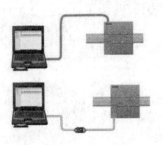

图 2-1-5　CPU 与编程设备两种通信方式

在 CPU 和编程设备之间建立以太网通信时请考虑以下几点:

(1) 组态或者设置时,单个 CPU 不需要硬件配置。如果想要在同一个网络中安装多个 CPU,则必须将默认 IP 地址更改为新的唯一的 IP 地址。

(2) 一对一通信不需要以太网交换机，网络中有两个以上的设备时需要以太网交换机。

4. 建立以太网硬件通信连接

以太网接口可在编程设备和 CPU 之间建立物理连接。由于 CPU 内置了自动跨接功能，所以对该接口既可以使用标准以太网电缆，又可以使用跨接以太网电缆。将编程设备直接连接到 CPU 时不需要以太网交换机。要在编程设备和 CPU 之间创建硬件连接，可按以下步骤操作：

(1) 安装 CPU。

(2) 将 RJ45 连接盖从以太网端口卸下。收好盖以备再次使用。

(3) 将以太网电缆插入 CPU 左上方的以太网端口，如图 2-1-6 所示。

(4) 将以太网电缆连接到编程设备上。

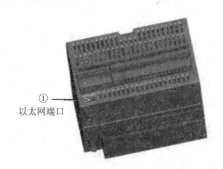

　　①
以太网端口

图 2-1-6　以太网端口

在 STEP 7-Micro/WIN SMART 中，使用以下方法之一显示以太网"通信"(Communications)对话框，从而组态与 CPU 的通信。

(1) 在项目树中，双击"通信"节点。

(2) 单击导航栏中的"通信"按钮。

(3) 在"视图"(View)菜单功能区的"窗口"(Windows)区域内，从"组件"(Component)下拉列表中选择"通信"。"通信"对话框提供了两种方法选择需要访问的 CPU。

(4) 单击"查找 CPU"(Find CPU)按钮以使 STEP 7-Micro/WIN SMART 在本地网络中搜索 CPU。在网络上找到的各个 CPU 的 IP 地址将在"找到 CPU"(Found CPU)下列出。

(5) 单击"添加 CPU"(Add CPU)按钮以手动输入所要访问的 CPU 的访问信息(IP 地址等)。通过此方法手动添加的各 CPU 的 IP 地址将在"添加 CPU"(Added CPU)中列出并保留。

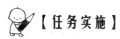 【任务实施】

1. S7-200 SMART 软件与 CPU 的通信设置(以 Win10 操作系统里虚拟机上的 Win7 为例)

在 Win10 系统上安装 S7-200 SMART 软件会出现一些问题，在 Win7 上安装 S7-200 SMART 软件就顺利多了。可以在 Win10 系统上安装虚拟机，如 VMware Workstations。在虚拟机上安装 Win7 系统，再将 S7-200 SMART 软件安装在虚拟机的 Win7 系统上就可以了。使用起来跟在 Win7 物理机上的操作一样，并且只需要一台计算机。

1) S7-200 SMART 基本接线

S7-200 SMART 基本接线如图 2-1-7 所示。

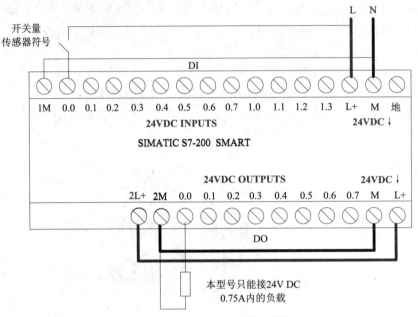

图 2-1-7   S7-200 SMART 基本接线

2) 通信设置

(1) 虚拟机上的设置：在虚拟网络编辑器里，将 VMnet0 设置为桥接模式，且桥接到有线网卡上，如图 2-1-8 所示。

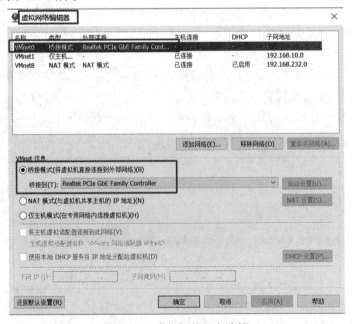

图 2-1-8   虚拟机的网卡连接

虚拟机上 Win7 系统的网络适配器也设置为桥接模式，如图 2-1-9 所示。

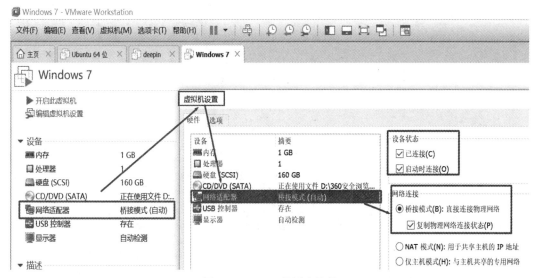

图 2-1-9　win7 的网卡连接

设置 Win7 的 IP 地址为 10.168.2.100，与 S7-200 SMART 硬件的 IP 地址 10.168.2.103 在同一个网段，如图 2-1-10 所示。

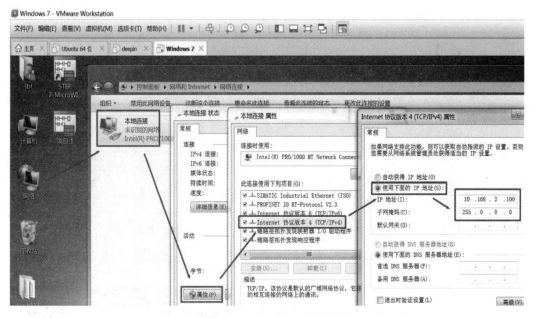

图 2-1-10　Win7 的 IP 地址设置

(2) 设置物理机的本地连接 IP 地址为 10.168.2.254，与 S7-200 SMART 硬件的 IP 地址在同一个网段，如图 2-1-11 所示。

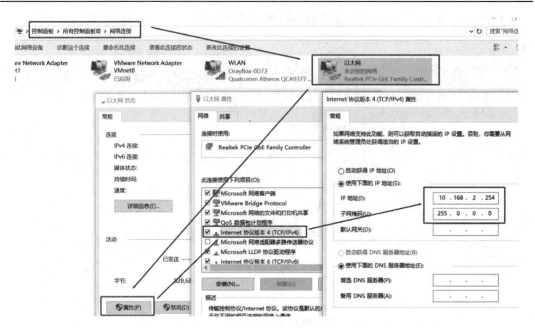

图 2-1-11　物理机的 IP 地址设置

(3) S7-200 SMART 软件与 CPU 通信：打开 S7-200 SMART 软件，点击"通信"→"查找 CPU"，直到找到 CPU，说明通信正常，如图 2-1-12 所示。

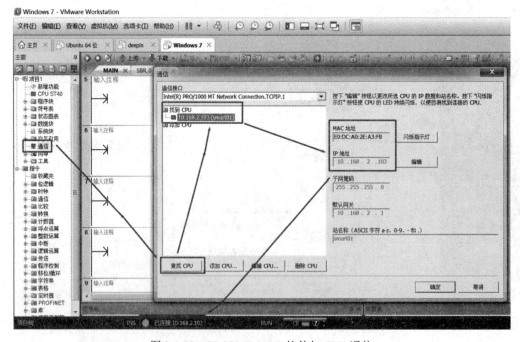

图 2-1-12　S7-200 SMART 软件与 CPU 通信

(4) 程序下载测试：

此程序的功能是在 Q 0.0 端产生一个周期为 1 秒的脉冲信号。

编写测试程序，如图 2-1-13 所示。

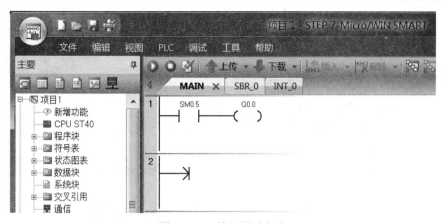

图 2-1-13　编写测试程序

下载程序如图 2-1-14 所示。

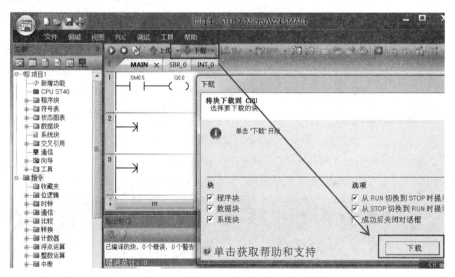

图 2-1-14　程序下载

如遇到如图 2-1-15 所示的提示小窗口，说明 CPU 类型不匹配，点击"是"按钮。

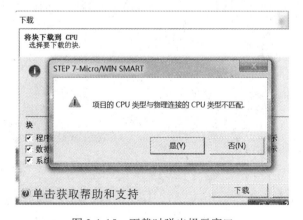

图 2-1-15　下载时弹出提示窗口

点击左面"项目1"中"系统块"工具条，在"系统块"窗口选择正确的 CPU 模块，如图 2-1-16 所示。

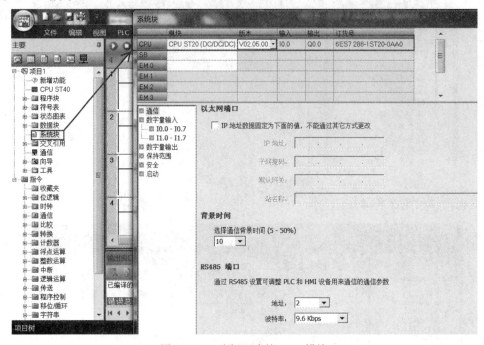

图 2-1-16　选择正确的 CPU 模块

点击"运行"按钮。会弹出一个确认小窗口，如图 2-1-17 所示。点击"是"按钮，可以看到输出端 Q0.0 端口的指示灯亮 0.5 秒，灭 0.5 秒，且一直重复。

图 2-1-17　设置运行模式

如果要停止测试,可以按"停止"按钮,会弹出一个停止确认小窗口,如图 2-1-18 所示。点击"是"按钮即可。

图 2-1-18　设置停止模式

2. 组态王与 S7-200 SMART 的通信

(1) 设备设置:选择"西门子"→"S7-200(TCP)"→"TCP",如图 2-1-19 所示。

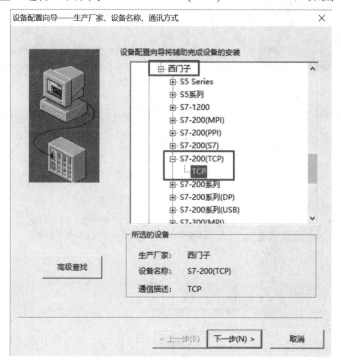

图 2-1-19　选择设备

给设备命名"smart",如图 2-1-20 所示。

图 2-1-20　设备命名

设置串口号,默认"COM1",如图 2-1-21 所示。

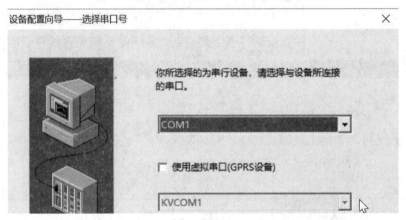

图 2-1-21　设置串口号

设置 S7-200 SMART 硬件的 IP 地址为"10.168.2.103:0",如图 2-1-22 所示。

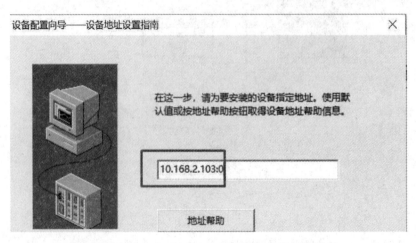

图 2-1-22　S7-200 SMART 硬件的 IP 地址设置

设置完成，如图 2-1-23 所示，点击"完成"按钮。

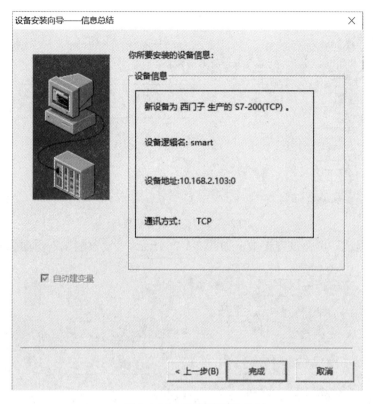

图 2-1-23　设备设置完成

(2) 修改 S7-200 SMART 软件的 ini 文件：找到组态王安装文件夹里的"Driver"文件夹，打开该文件夹，找到名为"kvS7200"的文件，用记事本打开该文件，在文件里添加如图 2-1-24 所示的文字。

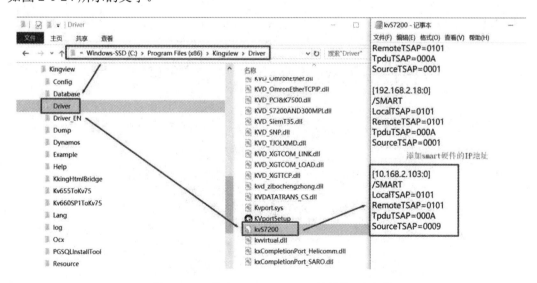

图 2-1-24　修改 S7-200 SMART 软件的 ini 文件

(3) 通信测试：点击设备中的"COM1"，在右边的串窗口中，用鼠标点击"smart"图标，弹出"串口设备测试"窗口，查看通信参数，如图 2-1-25 所示。

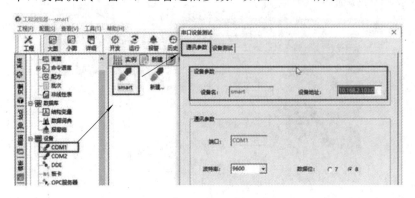

图 2-1-25　查看通信参数

在"设备测试"页面设置参数，如图 2-1-26 所示。"设备测试"页面显示通信正常。

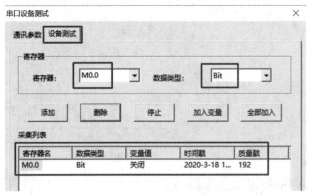

图 2-1-26　出现下图采集列表数据，说明通信正常

(4) 创建画面：新建一个名称为"smart"的测试画面，在画面中从"图库"中添加一个指示灯和一个开关，如图 2-1-27 所示。

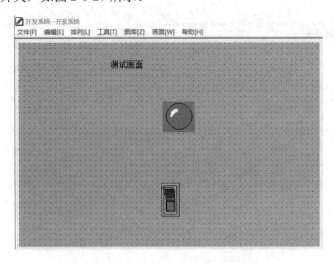

图 2-1-27　新建一个测试画面

双击"指示灯"图标，弹出"指示灯向导"窗口，将指示灯与变量 Q0.0 相关联，设置如图 2-1-28 所示。

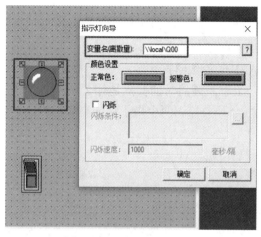

图 2-1-28　变量 Q0.0 设置

双击"开关"图标，弹出"开关向导"窗口，将开关与变量 M0.0 相关联，设置如图 2-1-29 所示。

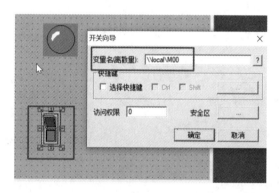

图 2-1-29　变量 M0.0 设置

(5) 运行结果：按下"开关"按钮，PLC 的 Q0.0 触点状态随之改变，画面上指示灯亮灭也随之改变，如图 2-1-30 所示。

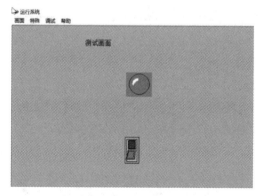

图 2-1-30　运行结果

【思考与练习】

1. S7-200 SMART 硬件由哪些部分组成？

2. S7-200 SMART 软件有哪些特点？

3. 画出 S7-200 SMART 硬件线路接线图。

4. S7-200 SMART 与组态王连接时的要点是什么。

5. 在组态王上配置两个开关控制两个指示灯的亮灭，连接 S7-200 SMART，使其实现控制两个数字输出端口。

任务 2-2　监控软件组态 SMART 实现遥信与遥控功能

【行业背景】

徐州地铁变电所车站级监控系统采用南瑞继保生产的 PCS-9700 变电所综合自动化系统，采用分层分布式结构。其中母联和馈线部分使用的是 PLC 系统对设备进行监控。如图 2-2-1 所示。

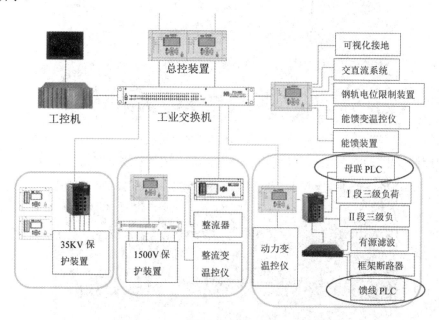

图 2-2-1　徐州地铁变电所综合自动化系统

徐州地铁变电所直流隔离开关 PLC，使用的是西门子系列的 PLC，实物如图 2-2-2 所示。

图 2-2-2　直流隔离开关 PLC

徐州地铁变电所馈线 PLC，使用的是美国 A-B 公司(Allen-Bradley)的 PLC，实物如图 2-2-3 所示。

图 2-2-3　徐州地铁变电所馈线 PLC

徐州地铁变电所母联 PLC，使用的是美国 A-B 公司的 PLC，实物如图 2-2-4 所示。

如图 2-2-4　徐州地铁变电所母联 PLC

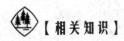【相关知识】

1. 电动机正反转控制线路原理图

电动机正反转控制线路原理图如图 2-2-5 所示。我们使用的 PLC 输出端口是晶体管输出类型，本型号 PLC 只能连接 24V DC，0.75A 内的负载，所以不能直接控制接触器，而应当使用继电器加以驱动。原理图中的 KA1 和 KA2 便是驱动继电器。PLC 则是通过直接控制继电器 KA1 和 KA2 回路线圈，进而控制接触器线圈，最终通过接触器主触点控制电动机的启动和停止。

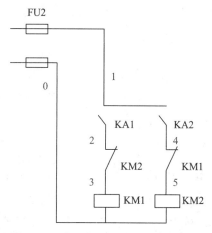

图 2-2-5　电动机正反转控制线路原理图

(1) 继电器的产品参数如图 2-2-6 所示。参数选择线圈电源 DC 24V，输出控制触点 AC 220V 的继电器即可。

图 2-2-6　24V 中间继电器产品参数

(2) 继电器的接线方法如图 2-2-7 所示。此继电器有两个常开触点和两个常闭触点，这里只需要一个常开触点，可以使用 5 与 9 触点，也可以使用 8 与 12 触点。

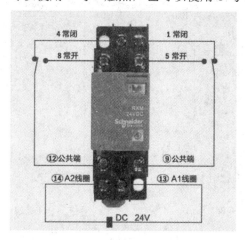

图 2-2-7　继电器的接线方法

2. PLC 控制线路接线图

S7-200 SMART 与电动机控制板的接线图如图 2-2-8 所示。这里只画出控制电路部分，电动机主电路部分从略。如果有条件，可以在接线板上连接主线路部分。

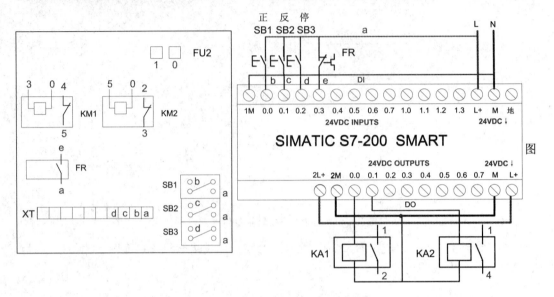

2-2-8　S7-200 SMART 与电动机控制板的接线图

【任务实施】

1. PLC 控制电动机实现正反转

1) PLC 控制电路接线图

PLC 控制电路接线图如图 2-2-9 所示。该接线图为简化电路，我们只在 PLC 的 Q 端口连接继电器，接触器和电动机的电路连接在这里从略。

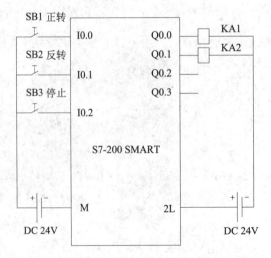

图 2-2-9　PLC 控制电路接线图

2) PLC 程序编写

(1) I/O 端口分配如表 2-2-1 所示。

表 2-2-1　I/O 端口分配表

输入端口			输出端口		
输入点	输入器件	作用	输出点	输出器件	控制对象
I0.0	正转按钮	KM1 接通	Q0.0	KM1	电动机正转
I0.1	反转按钮	KM2 接通	Q0.1	KM2	电动机反转
I0.2	停止按钮	KM1、KM2 断开			电动机停止

(2) 梯形图：电动机正反转梯形图如图 2-2-10 所示。

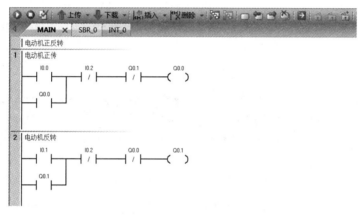

图 2-2-10　电动机正反转梯形图

(3) 程序调试：程序调试是工程中的重要环节，因为初步编写的程序不一定正确，有时虽然逻辑正确，但需要修改参数。

打开"调试"→"开始程序状态监控"。也可以打开软件窗口左边的"状态图表"，点击快捷键中的"程序状态"图标，在状态图表中填入需要的地址，用强制的方法改变当前值，如将 I0.0 强制为"1"，可以看到 Q0.0 接通，如图 2-2-11 所示。

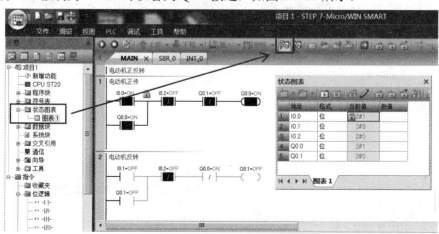

图 2-2-11　将 I0.0 强制为"1"

取消强制，I0.0 恢复为"0"，Q0.0 仍然接通，如图 2-2-12 所示。

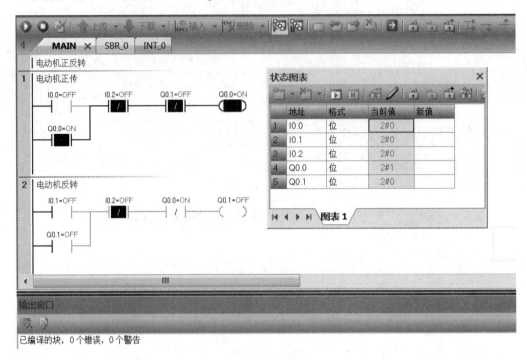

图 2-2-12 恢复为"0"后 Q0.0 仍然接通

这时，即使按下反转按钮，Q0.1 也不能接通，这是因为 Q0.0 与 Q0.1 互锁，如图 2-2-13 所示。

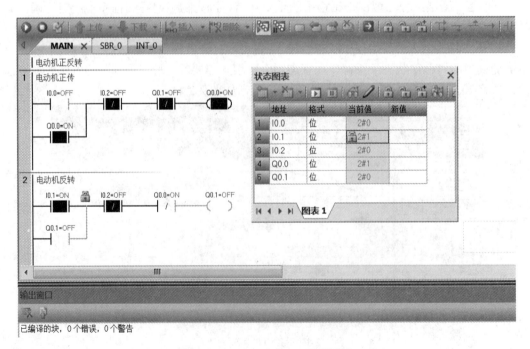

图 2-2-13 Q0.0 与 Q0.1 互锁调试

要想让电动机反转，首先要按下"停止"按钮，再按下"反转"按钮，Q0.1 才能得电，电动机才能反转，如图 2-2-14 所示。

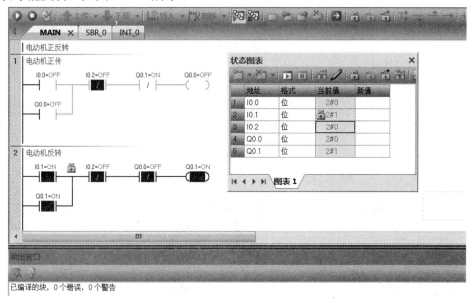

图 2-2-14 电动机反转调试

2. PLC 控制电动机正反转程序的改写与调试

1) 程序的改写

PLC 梯形图中的 M0.0 代表辅助继电器，在程序内部使用，不能提供外部输出；I0.0 代表输入继电器，为接收外部输入设备的信号；Q0.0 代表输出继电器，为输出程序执行结果并驱动外部设备。

如果用组态王画面控制 PLC，则不能用输入继电器 I，必须用辅助继电器 M 代换，梯形图改写如图 2-2-15 所示。

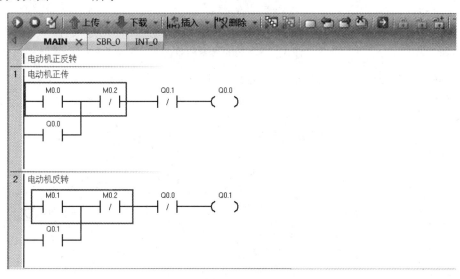

图 2-2-15 组态王控制 PLC 的梯形图

如果想实现既可以用外部按钮控制，又可以用组态王控制，则程序应如图 2-2-16 所示改写。

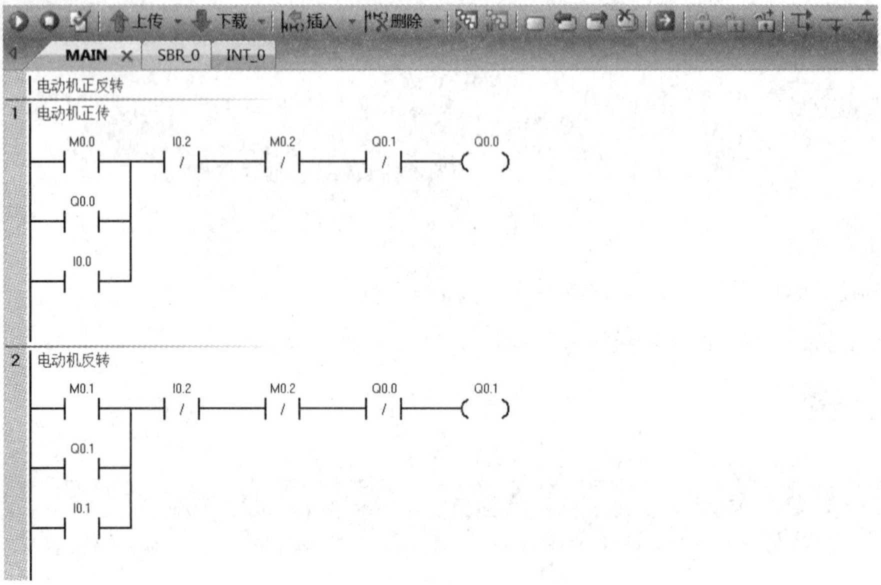

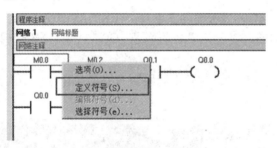

图 2-2-16　外部按钮加组态王控制程序

为了使程序易于理解，可以对变量名进行一些注解。如鼠标右击"M0.0"选择，"定义符号"，如图 2-2-17 所示。

图 2-2-17　给变量名加注释

给地址起个便于理解的中文名称。如图 2-2-18 所示。

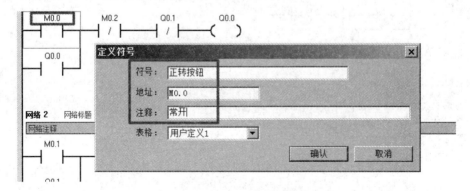

图 2-2-18　给地址起个容易理解的中文名

隐藏或打开符号表，如图 2-2-19 所示。

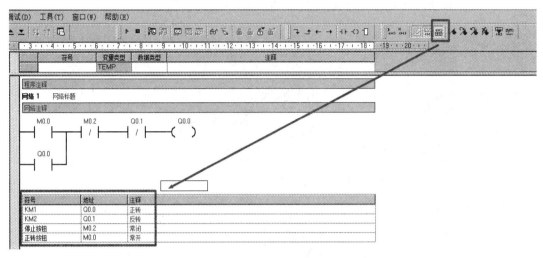

图 2-2-19　隐藏和打开符号表

用"Ctrl + y"快捷键隐藏和显示符号，如图 2-2-20 所示。

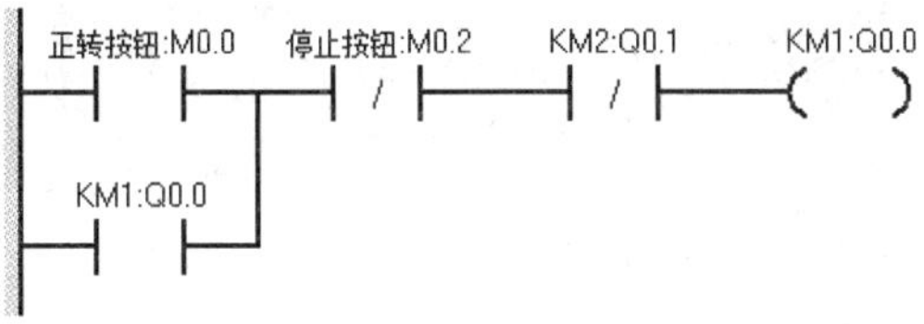

图 2-2-20　用"Ctrl + y"快捷键隐藏和显示符号

打开符号表，查看定义的符号，如图 2-2-21 所示。

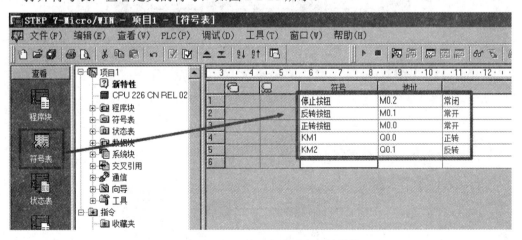

图 2-2-21　打开符号表查看定义的符号

2) 程序的调试

打开"调试"→"开始程序状态监控"。右击"M0.0"，点击"写入"，如图 2-2-22 所示。

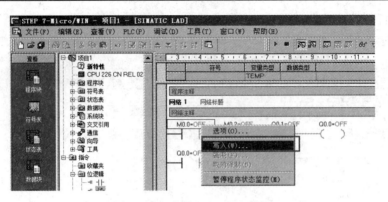

图 2-2-22　变量 M0.0 写入数据

将 M0.0 设为 "ON"，如图 2-2-23 所示。

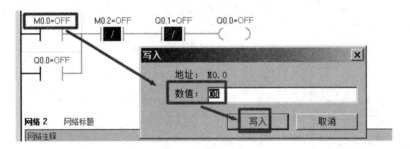

图 2-2-23　将 M0.0 设为 "ON"

写入 "ON" 后，电机通电，如图 2-2-24 所示。

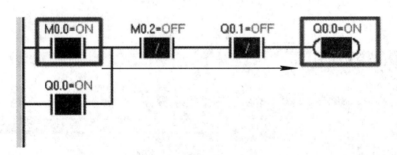

图 2-2-24　写入 "ON" 后电机通电

即使断开 M0.0，电机依然导通，如图 2-2-25 所示。

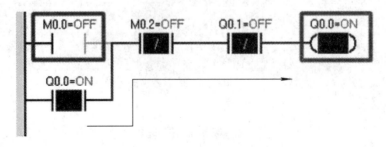

图 2-2-25　断开 M0.0 后电机依然导通

但是这个程序电机不能从正转转换成反转，因为有互锁，如图 2-2-26 所示。

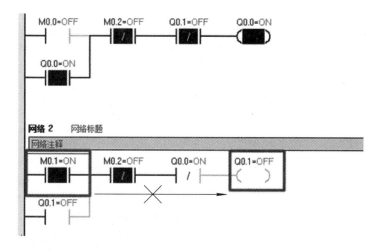

图 2-2-26　互锁的调试

再加入按钮互锁可以实现直接由正转变为反转，如图 2-2-27 所示。

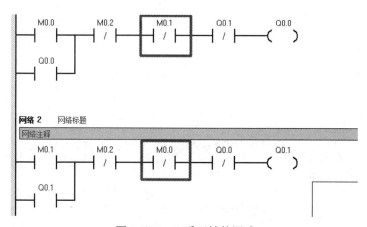

图 2-2-27　双重互锁的调试

3. 组态王实现三相异步电动机正反转监控

1) 定义变量

定义变量如表 2-2-2 所示。

表 2-2-2　定义变量

变量名称	数据类型	读写属性	对应 PLC 软元件
正转	I/O 离散	读写	M0.0
反转	I/O 离散	读写	M0.1
停止	I/O 离散	读写	M0.2
KM1	I/O 离散	只读	Q0.0
KM2	I/O 离散	只读	Q0.1

定义"正转"变量，如图 2-2-28 所示。"反转"与"停止"变量定义也是同样步骤。

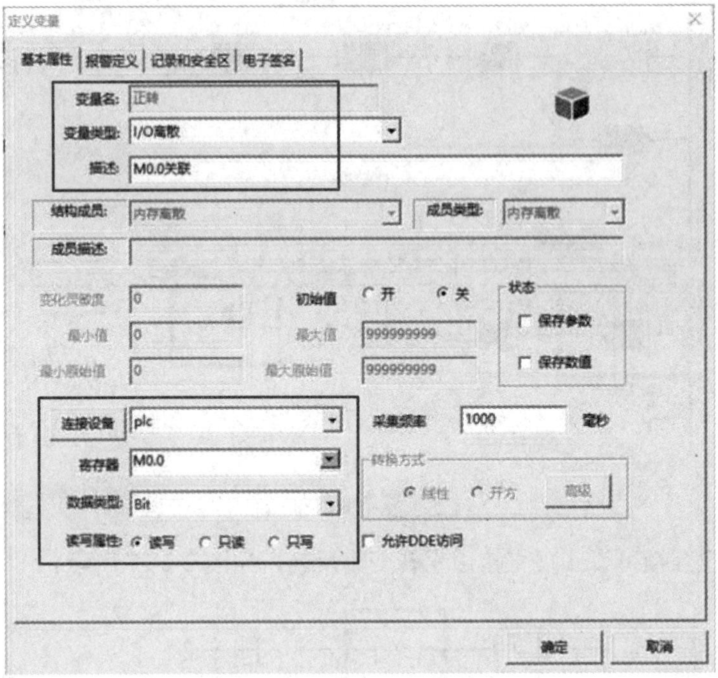

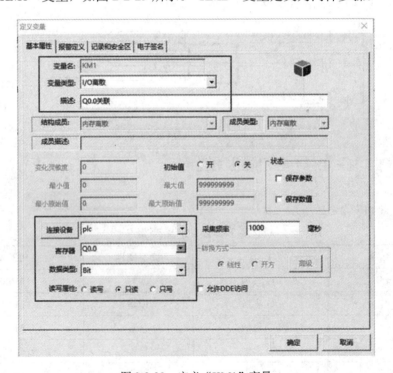

图 2-2-28　定义"正转"变量

定义"KM1"变量，如图 2-2-29 所示。"KM2"变量定义为同样步骤。

图 2-2-29　定义"KM1"变量

2) 创建画面

　　新建一个画面，画面上添加两个指示灯和三个按钮，指示灯实现正转和反转指示，按钮实现正转、反转和停止的控制，如图 2-2-30 所示。

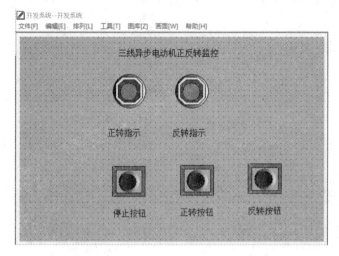

图 2-2-30　三线异步电动机正反转监控画面

"正转"指示灯变量配置，如图 2-2-31 所示。"反转"指示灯变量配置方式相同。

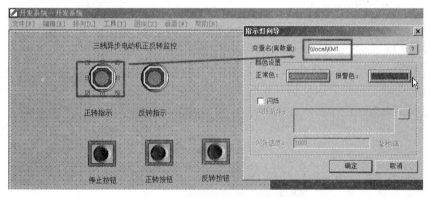

图 2-2-31　"正转"指示灯变量配置

"停止"按钮设置，如图 2-2-32 所示。"正转""反转"按钮设置方式相同。

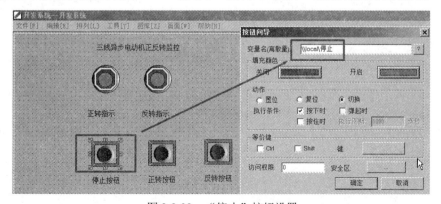

图 2-2-32　"停止"按钮设置

3) 运行结果

可以用画面上的按钮控制实现电机正反转的转换，如图 2-2-33 所示。

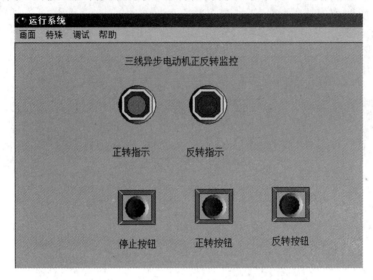

图 2-2-33　运行结果

【思考与练习】

1. 画出 PLC 控制电动机正反转的电路原理图。
2. 写出 PLC 控制电动机正反转的梯形图。
3. 简述用组态王控制电动机正反转的组态步骤。
4. 完成用组态王控制实现电动机星-三角启动的的电路功能。

任务 2-3　监控软件组态 SMART 实现遥测与遥调功能

【行业背景】

在城市轨道交通行业中，地铁列车供电系统采用直流牵引供电系统，钢轨对地绝缘安装，被用作直流牵引电流的负极回流通路。当有列车在运行时，走行轨中流过牵引负荷电流，此时走行轨对地存在高电位。而列车与钢轨之间是等电位，乘客站在站台时便有可能通过列车车体接触到这一高电位，有受到电击的危险。

特别是站台上安装了站台屏蔽门，由于站台屏蔽门直接与钢轨连接，进一步增加了乘客接触钢轨高电位的风险。为了降低车体与地之间的接触电压和跨步电压，在每个车站安装了钢轨电位限制装置，当走行轨对地电位超标时，可将走行轨和变电所接地母排连接起来，保护乘客的人身安全。

轨道交通供电实训室钢轨电位限制装置柜内部模拟量输入模块如图 2-3-1 所示，该模块用于采集被控制设备的模拟量电压值并不断监测钢轨对大地的电位。

(1) 当钢轨电位大于 90 V 时，钢轨电位限制装置延时 5 s 动作，接触器闭合使钢轨与地相连降低钢轨电位，连续动作 3 次后如果钢轨电位仍然高于整定值，接触器闭合后不再断开。

(2) 当钢轨电位大于 150 V 时，钢轨电位限制装置无延时，接触器闭合。

(3) 当钢轨电位大于 600 V 时，钢轨电位限制装置无延时，接触器闭合，晶闸管断开并钳制钢轨对地电位。

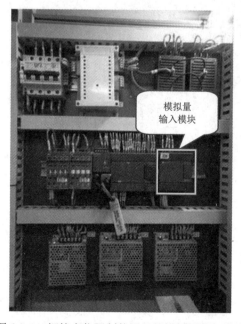

图 2-3-1　钢轨电位限制装置里的模拟量输入模块

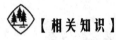【相关知识】

1. PLC 对模拟量的处理过程

PLC 对模拟量的处理过程如图 2-3-2 所示。

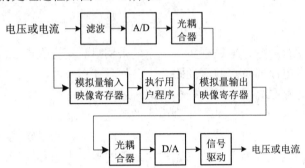

图 2-3-2　PLC 对模拟量的处理过程

从图中可以看出，PLC 内部集成了完善的 A/D 与 D/A 转换装置，且这些装置与 CPU 之间采用光耦器件相连，实现了 CPU 与外部电路的电气隔离，使得 PLC 更能适应复杂的现场工业环境。同时，集成的 A/D 与 D/A 转换装置也方便了 PLC 对模拟量信号的采集。

以恒温控制为例(电热丝加热使温度升高，要求温度恒定在 70℃)。电热丝的温度可以用温度传感器检测，当变送器将传感器信号转换成 4～20 mA 的标准电信号后，将标准电信号送入 PLC 的模拟量输入模块，经 A/D 转换后得到与温度值成正比的数字量。CPU 将此值与温度值相比较，并运用 PID 算法对差值进行运算，将运算结果(数字量)送给模拟量输出模块，经 D/A 转换后，以 0～20 mA 模拟量输出到晶闸管调功器来控制电热丝的加热功率，实现对温度的闭环控制。

2. 模拟量扩展模块介绍

1) 模拟量输入输出模块 EM AM06 接线图

模拟量输入输出模块 EM AM06 接线图如图 2-3-3 所示。

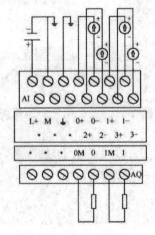

图 2-3-3　模拟量输入输出模块 EM AM06 接线图

模拟量输入输出模块 EM AM06 有 4 个模拟量输入通道，每个通道占用 2 个端子。各通道不能同时测量电流和电压信号。L+端是电源端，需要外接 24 V 直流电源。

2) 模拟量输入模块的组成与特点

(1) 具有 4 个模拟量输入通道。

(2) 每个通道占用存储器 AI 区域 2 个字节。

(3) 输入值为只读数据。

(4) 电压输入范围：±2.5 V、±5 V、±10 V。

(5) 电流输入范围：0～20 mA。

(6) 模拟量到数字量的最大转换时间 625 μs。

(7) 单极性满量程数据字格式：0～27648。

(8) 双极性满量程数据字格式：−27648～+27648。

(9) 模拟量输入模块的分辨率：A/D 转换后的二进制位数。

(10) 电压模式的分辨率为 11 位，电流模式的分辨率为 11 位。

3) 输入模块的输出值计算

例：量程为 0～10 MPa 的压力变送器的输出信号为 DC 4～20 mA，模拟量输入模块将 0～20 mA 转换为 0～27648 的数字量，求：当压力值为 p 时，经模拟量输入模块转换后得到的数值 N。

求解过程如图 2-3-4 所示。

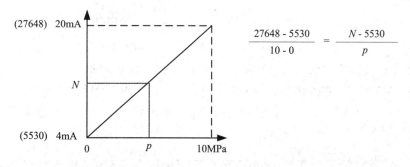

图 2-3-4　输入模块的输出值计算

4) 电压电流信号问题

电压型的模拟量信号，由于输入端的内阻很高(S7-200 SMART 的模拟量模块内阻为 10MΩ)，极易引入干扰，一般电压信号是用在控制设备柜内的电位器设置上，或者距离非常近且电磁环境足够好的场合。

而电流信号不容易受到传输线沿途的电磁干扰，因而在工业现场获得了广泛的应用。

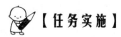【任务实施】

1. 模拟量扩展模块读取模拟电压

1) EM AM06 模块接线图

图 2-3-5 所示为模拟量输入端子接线图，通道 0 接 0～10 V 的直流电压源。

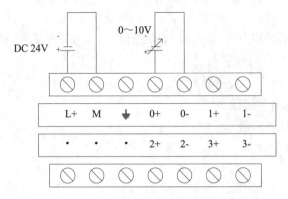

图 2-3-5 模拟量输入端子接线图

直流电压源可以使用 LM2596S 带数显电压表显示的 DC-DC 稳压可调降压电源模块获得，如图 2-3-6 所示。

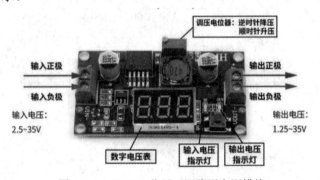

图 2-3-6 DC-DC 稳压可调降压电源模块

2) 通过组态模块，设置模拟量扩展模块的信号类型和量程

如图 2-3-7 所示，打开虚拟机 Win7 上的 S7-200SMART 软件，在窗口左边工具栏里点击"数据块"→"系统块"。在系统块窗口找到"EM AM06"，选择"通道 0"，"类型"选择"电压"，"范围"选择"+/−10 V"，这样，模拟量扩展模块即设置完成。

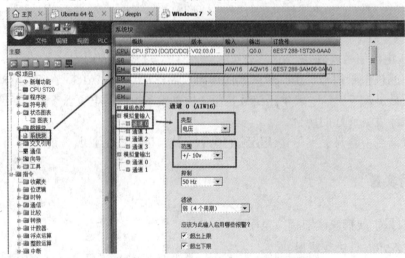

图 2-3-7 设置模拟量扩展模块的信号类型和量程

3) 梯形图编写

模拟量的输入值存放在"AIW16"的存储单元里,如图 2-3-8 所示。本梯形图的作用是将模拟量的输入值取出并存入变量存储单元"VW10"里,这样方便处理数据。

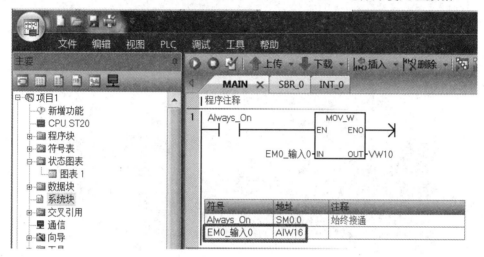

图 2-3-8 读取输入模拟量数据的梯形图

4) 调试程序

点击菜单栏的"调试"→"程序状态",也可以直接点击快捷方式图标,可以看到 VW10里的数据,调节模拟输入电压值,此数据也随之变化,如图 2-3-9 所示。

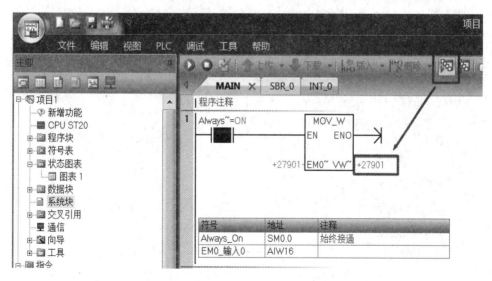

图 2-3-9 读取输入模拟量数据

5) 组态王上显示模拟数值

(1) 画面设置:在项目 2 任务 1 中建立的画面名称为"smart"的测试画面上,添加文本内容如图 2-3-10 所示。

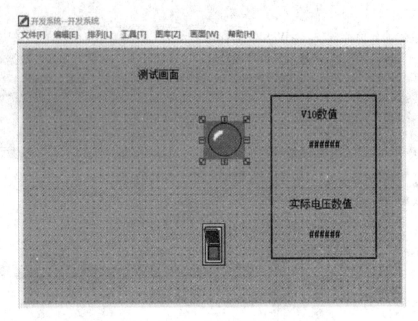

图 2-3-10　画面设置

(2) 定义变量: 定义变量名为"VW10", 读取模拟输入数值。注意"寄存器"选择"V10", "数据类型"选择"SHORT", "读写属性"选择"只读", 如图 2-3-11 所示。

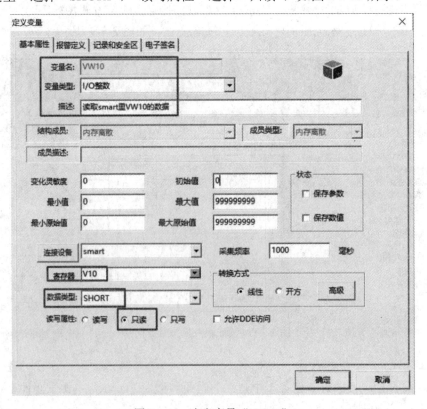

图 2-3-11　定义变量"VW10"

(3) 文本显示动画连接：显示 VW10 数值动画连接，如图 2-3-12 所示。

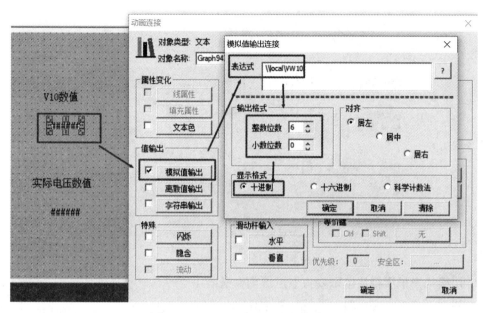

图 2-3-12　显示 VW10 数值动画连接

显示实际电压值动画连接，设置方法如图 2-3-13 所示。此处的 2790 可以用比例公式计算。由关系式：10/27900 = X/VW10，(其中 X 为实际电压值)得到 X = VW10/2790。

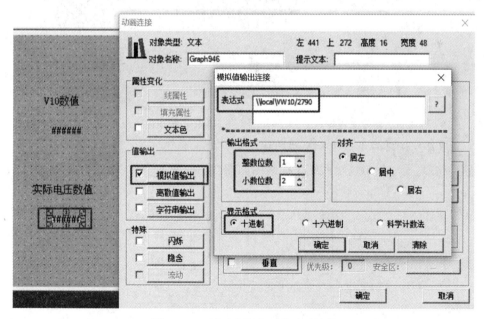

图 2-3-13　显示实际电压值动画连接

(3) 运行结果：如图 2-3-14 所示，模拟量扩展模块 EM AM06 将 0～10 V 的模拟电压量转换成 0～27900 的数字量，我们可以通过比例关系计算出实际的模拟输入电压值。可以将显示的实际模拟电压值与 LM2596S 带数显电压表显示的 DC-DC 稳压可调降压电源模块上的输出电压进行比较，如果有误差，可以进行调整。

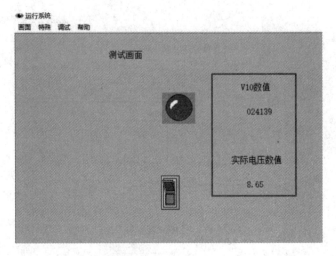

图 2-3-14　运行结果

2. 用模拟量扩展模块读取模拟量温湿度变送器

1) 模拟量温湿度变送器

模拟量温湿度变送器实物如图 2-3-15 所示。其接线端共引出棕、黑、蓝、绿、黄和白6 根导线，接线说明如图 2-3-16 所示。

图 2-3-15　模拟量温湿度变送器　　　　图 2-3-16　接线说明

2) 温湿度变送器与模拟量输入端子接线图

温湿度变送器与模拟量输入端子接线图如图 2-3-17 所示。

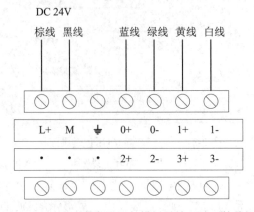

图 2-3-17　温湿度变送器与模拟量输入端子接线图

0～5 V 型输出信号转换计算如下：例如，量程为–40～+80℃，0～5 V 范围输出，当输出信号为 2 V 时，计算当前温度值。

此温度量程的跨度为 120℃，用 5 V 电压信号来表达，120℃/5 V=24℃/V，即电压 1 V 代表温度变化 24℃。测量值 2 V–0 V 对应 2 V*24℃，即 2 V 对应 48℃。则 48 +（ – 40)= 8℃，当前温度为 8℃。计算公式为：

温度 = 24*电压–40，这里的电压值单位为 V。湿度 = 20*电压，这里的电压值单位为 V。

上面公式里的"电压"= 采集的模拟量值*5/27648 (V)。

3) 通过组态模块，设置模拟量扩展模块的信号类型和量程

打开 S7-200SMART 软件，在窗口左边工具栏里点击"数据块"→"系统块"。在系统块窗口找到"EM AM06"，选择"通道 0"，"类型"选择"电压"，"范围"选择"+/– 5V"，其他选项为默认值，如图 2-3-18 所示。

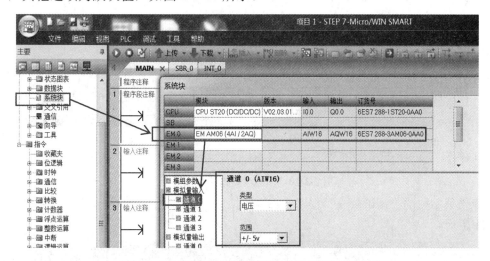

图 2-3-18　设置模拟量扩展模块的信号类型和量程

选择"通道 1"，"类型"不能选择且默认是"与通道 0 相同"，"范围"选择"+/- 5V"，模拟量扩展模块即设置完成，如图 2-3-19 所示。

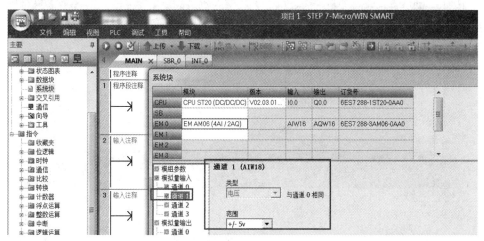

图 2-3-19　通道设置

4) 梯形图编写

通过模拟量输入模块将温湿度变送器模块里的温湿度值读出来，存入 SMART 的变量存储单元。VW10 存储温度数据，VW20 存储湿度数据，如图 2-3-20 所示。

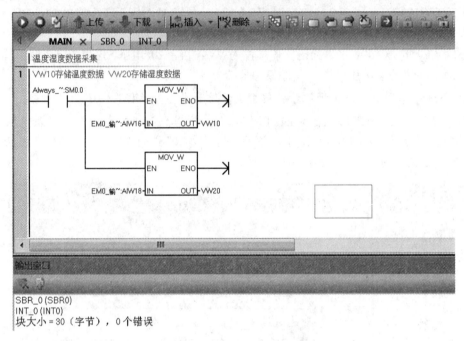

图 2-3-20　温湿度数据采集梯形图

点击菜单栏的"调试"→"程序状态"转换成监控模式，可以看到传回的数据，如图 2-3-21 所示。

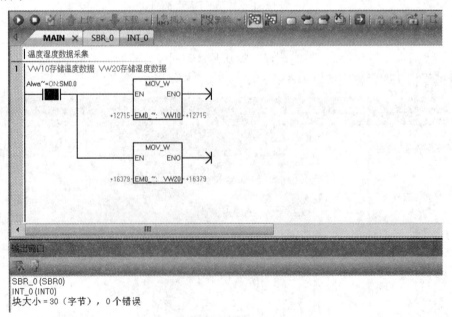

图 2-3-21　观察采集的数据

5) 组态王上显示温湿度数值

在 Win10 物理机上，用组态王打开 smart 工程。

(1) 定义变量：定义变量名为"读取温度值"，读取模拟输入数值。注意"寄存器"选择"V10"，"数据类型"选择"SHORT"，"读写属性"选择"只读"，如图 2-3-22 所示。

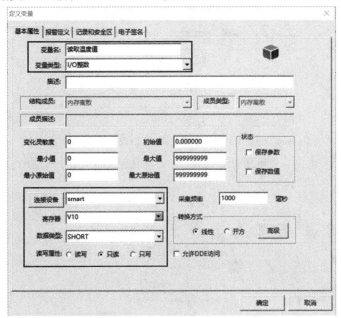

图 2-3-22　定义变量名"读取温度值"

定义变量名为"读取湿度值"，读取模拟输入数值。注意"寄存器"选择"V20"，"数据类型"选择"SHORT"，"读写属性"选择"只读"，如图 2-3-23 所示。

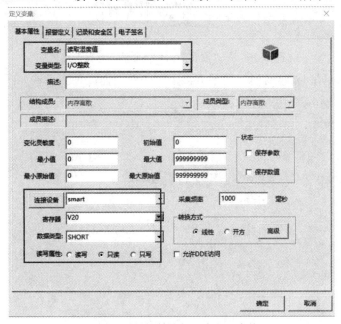

图 2-3-23　定义变量名"读取湿度值"

(2) 测试变量：在 smart 工程里先进行通信测试。注意是 TCP 通信，设备地址是"10.168.2.103:0"，如图 2-3-24 所示。

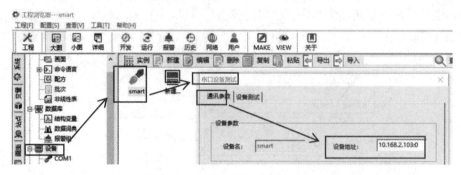

图 2-3-24　查看"通信参数"页面

在"设备测试"页面，要能够正确读取温度湿度值(PLC 要处于运行状态)，如图 2-3-25 所示。

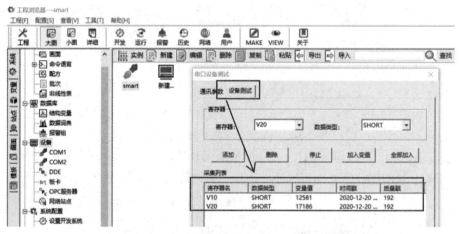

图 2-3-25　在"设备测试"页面读取温度湿度值

(3) 创建新画面：创建名为"温湿度显示"的新画面，画面设置如图 2-3-26 所示。

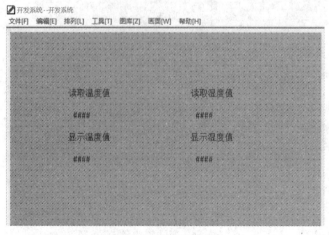

图 2-3-26　新画面设置

配置"读取温度值"的文本变量关联，如图 2-3-27 所示。

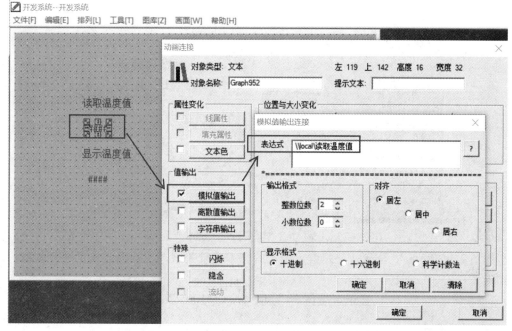

图 2-3-27   配置"读取温度值"的文本变量关联

如图 2-3-28 所示，配置"显示温度值"的文本变量关联，注意表达式要进行运算。表达式为：

$$显示温度值 = 读取温度值*120/27648-40$$

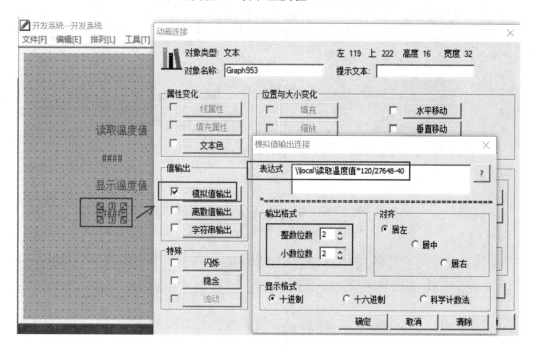

图 2-3-28   配置"显示温度值"的文本变量关联

配置"读取湿度值"的文本变量关联，如图 2-3-29 所示。

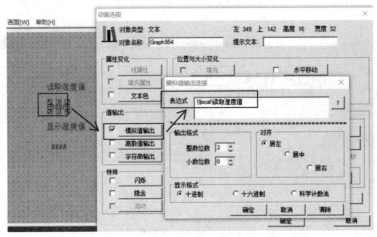

图 2-3-29　配置"读取湿度值"的文本变量关联

如图 2-3-30 所示，配置"显示湿度值"的文本变量关联，注意表达式要进行运算。表达式为

$$显示湿度值 = 读取湿度值*100/27648$$

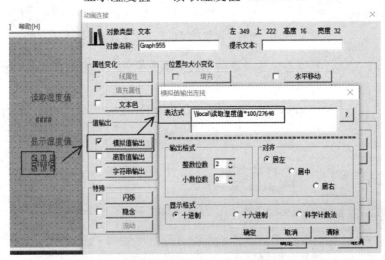

图 2-3-30　配置"显示湿度值"的文本变量关联

(4) 运行结果如图 2-3-31 所示。

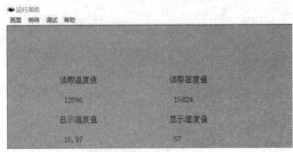

图 2-3-31　运行结果

3. 模拟量扩展模块输出模拟电压示例

1) 模块接线图

模拟量输入输出模块 EM AM06 有 4 个模拟量输入通道和 2 个模拟量输出通道。在模拟量输出端子 0 接一块数字万用表，数字万用表挡位打在直流电压 20V 挡位。模拟量输出端子接线图如图 2-3-32 所示。

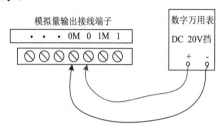

图 2-3-32　模拟量输出端子接线图

2) 设置模拟量输出模块的信号类型和量程

选择"模拟量输出"→"通道 0"，"类型"→"电压"，"范围"→"+/-10V"，其他设置为默认。注意通道 0 的数据寄存器地址是"AQW16"，如图 2-3-33 所示。

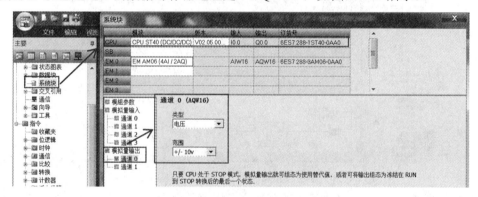

图 2-3-33　设置模拟量输出通道 0

3) 程序编写

此程序是在显示温湿度程序的基础上再添加一个网络 2，如图 2-3-34 所示。

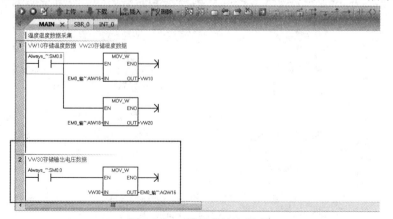

图 2-3-34　模拟量输出程序

转换成监控模式，打开状态图表，添加地址 VW30，设置当前值强制为+1000，如图 2-3-35 所示。可以看到数字万用表的电压读数为 0.35 V。

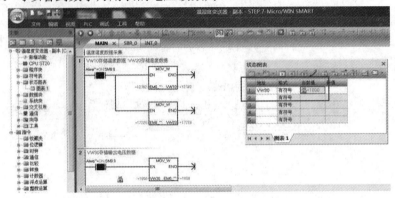

图 2-3-35 输出模拟量数据 1000，观察输出电压值

如图 2-3-36 所示，设置当前值强制为+27648，可以看到数字万用表的电压读数为 9.96 V。

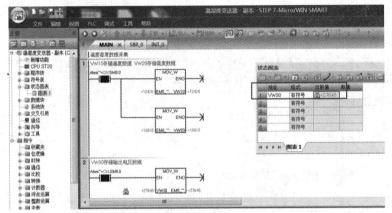

图 2-3-36 输出模拟量数据 27648，观察输出电压值

设置当前值强制为-27648，可以看到数字万用表的电压读数为-9.96 V，如图 2-3-37 所示。由此可知，输入数值在-27648～+27648 之间，输出可以得到在-10 V～+10 V 之间变化的电压。

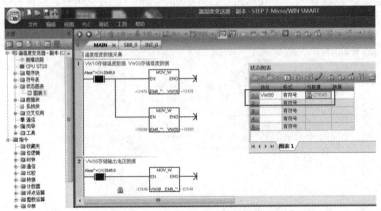

图 2-3-37 输出模拟量数据-27648，观察输出电压值

4) 组态王上实现模拟电压输出

在 Win10 物理机上，用组态王打开 smart 工程。

(1) 定义变量：变量设置如图 2-3-38 所示，注意"寄存器"要设置为 V30，"读写属性"选择"只写"。

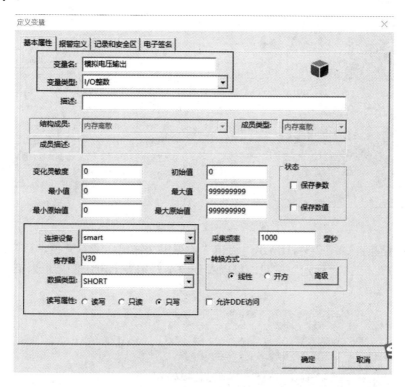

图 2-3-38　设置变量"模拟电压输出"

(2) 画面设置：打开前面设置的"温湿度显示"画面，在画面上添加模拟电压输出文本变量，如图 2-3-39 所示。

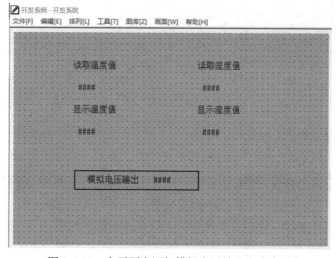

图 2-3-39　在画面上添加模拟电压输出文本变量

如图 2-3-40 所示，文本变量设置如下。

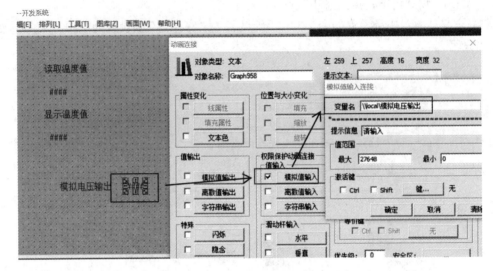

图 2-3-40　文本变量设置

（3）运行结果：如图 2-3-41 所示，点击"模拟电压输出"文本变量，在弹出的窗口输入数值"3000"，点击"确定"按钮，可以看到数字万用表上电压值显示为 1.07 V。

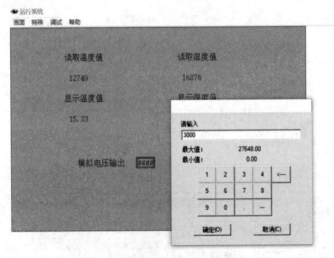

图 2-3-41　运行结果

 【思考与练习】

1. 模拟量输入输出模块 EM AM06 有几个模拟量输入通道和几个模拟量输出通道？
2. 说明模拟量扩展模块 EM AM06 的模拟量输入的组成与特点。
3. 画出温湿度变送器与模拟量扩展模块 EM AM06 的接线图。
4. 模拟量输出 10 V 对应的数字量值是多少？

任务 2-4 用 SMART 组态文本显示器

【行业背景】

轨道交通供电实训室钢轨电位限位装置中文本显示器模块位置如图 2-4-1 所示，其中一次设备为晶闸管控制的接触器/可控硅控制器，测控装置为 S7-200PLC、文本显示器(TD400C)和智能温湿度控制器。

图 2-4-1 轨道交通供电实训室钢轨电位限位装置

文本显示器(TD400C)显示 I 段电压，II 段电压整定保护。图 2-4-2 所示为 I 段整定 1 电压保护设置界面，可以看到启动电压、合闸延时、分闸延时、重合闸次数等参数。

图 2-4-3 所示为 II 段整定 2 电压保护设置界面，可以看到启动电压、分闸延时、重合闸次数等参数。这些参数可以在文本显示器上进行设置，现场调试极为方便。

图 2-4-2 I 段整定 1 电压保护设置界面

图 2-4-3 II 段整定 1 电压保护设置界面

【相关知识】

文本显示器用来显示数字、字符和文字，还可以用来修改 PLC 中的参数设定值。文本显示器价格便宜、操作方便，一般与小型 PLC 配合使用，组成小型控制系统。

1. S7-200 文本显示(TD)设备概述

TD 设备是一种低成本的人机界面(HMI)，使操作员或用户能够与应用程序进行交互。S7-200 TD 设备是一种小型紧凑型设备，为与 S7-200 CPU 进行界面连接提供了必需的组件。

TD 设备允许进行下列操作：

(1) 组态一组层级用户菜单，为与应用程序交互提供了另一种结构。

(2) 组态 TD 设备，使其显示由 S7-200 CPU 中的特定位触发的报警或信息。

(3) 使用 TD400C，可以查看、监视和更改应用程序固有的过程变量。

(4) TD400C 是一个可以显示 2 行大字体或 4 行小字体的文本显示设备，可以与 S7-200 CPU 连接。

(5) TD400C 为背光液晶显示(LCD)，分辨率为 192×64。

(6) TD400C 通过 TD/CPU 电缆从 S7-200 CPU 获得供电，也可由单独电源供电。

2. TD400C 的设计

TD400C 的设计如图 2-4-4 所示。

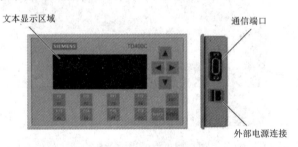

图 2-4-4　TD400C 的设计

TD400C 的按键功能如图 2-4-5 所示。

键	功　　能	用　　　　途
ENTER	选择，确认	选择屏幕上的菜单项或确认屏幕上的值。
ESC	Escape	从菜单退出或取消选择。
▲ ▼	移动光标(上/下)	向上/向下滚动显示菜单项，或递增可编辑的值。
◀ ▶	移动光标(左/右)	向变量的左/右移动光标。
F1 F8	功能键(F1 到 F8)	执行您用"文本显示向导"组态的任务。
SHIFT·F9 F16	功能键(F9 到 F16)	执行使用"文本显示向导"组态的 F9 键到 F16 键任务。

图 2-4-5　TD400C 的按键功能

注意：上述 TD400C 使用了默认面板，也可自定义面板和每个按键的功能。

3. TD400C 的功能

TD400C 可以用来实现以下功能。

1) 常规功能

(1) 显示报警。

(2) 允许调整指定的程序变量。

(3) 允许强制/取消强制输入/输出点。

(4) 允许为具有实时时钟的 CPU 设置时间和日期。

(5) 查看层级用户菜单及屏幕，以便于和应用程序或过程进行交互。

(6) 查看 CPU 状态。

2) 用于和 S7-200 CPU 进行交互的其他功能

(1) 可以改变 S7-200 CPU 的操作模式(运行或停止)。

(2) 可以将 S7-200 CPU 中的用户程序加载到内存盒中。

(3) 可以对存储在 S7-200 CPU 存储区中的数据进行访问和编辑。

4. TD 设备与 SMART 的连接

当 TD 设备与 SMART CPU 之间的距离小于 2.5 m 时，无需 DC 24V 外接电源供电。

1) 接线图

PLC 与 TD400C 的接线图如图 2-4-6 所示。

图 2-4-6　PLC 与 TD400C 的接线图

图 2-4-7 所示给出了连接编程设备、S7-200 CPU 和 TD400C 的实例。TD400C 的组态是在编程设备上使用组态软件来创建的。在组态后，TD400C 即可与 S7-200 CPU 进行通信。

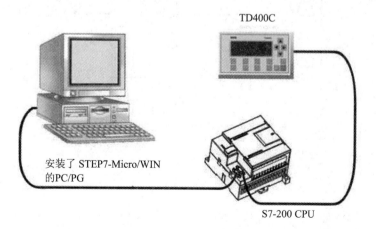

图 2-4-7　编程设备、S7-200 CPU 和 TD400C 的连接

2) 组态步骤

(1) 为 TD400C 建立连接：使用 STEP 7-Micro/WIN 的文本显示向导来组态 TD400C 的屏幕、报警、语言和自定义键盘布局。S7-200 CPU 在参数块(V 存储区)中存储此信息。

TD400C 附带有默认组态并被设置为以 9600 的波特率进行通信。TD400C 必须与 S7-200 CPU 通信才能读取参数块。

必须配置 TD400C 和 S7-200 CPU 在波特率一致的情况下进行通信。

(2) 组态 TD400C：启动文本显示向导，启动 STEP 7-Micro/WIN，然后选择"工具"→"文本显示向导"菜单命令，打开"文本显示向导"。

(3) 定义 TD400C 的屏幕：启动定义用户菜单，TD400C 支持 8 个用户菜单，每个菜单包含 8 个屏幕，所以总共可以定义 64 个屏幕。

(4) 定义报警：组态了 TD 设备后，启动定义报警，TD400C 可支持多达 80 个由程序控制显示的报警。

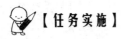 【任务实施】

1. 温湿度变送器数据的文本显示

1) 接线图

温湿度变送器与模拟量输入输出模块 EM AM06 的接线图如任务 2-3 中的图 2-3-17 所示。

2) 程序编写

程序段 1：VW10 存储由温湿度变送器采集来的温度数据，VW20 存储由温湿度变送器采集来的湿度数据。如图 2-4-8 所示。

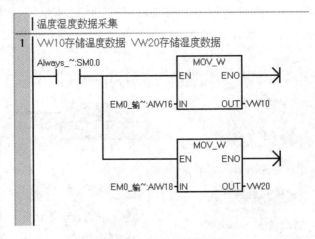

图 2-4-8　温湿度数据采集

程序段 2：将采集的温度数据转换成显示的温度数值，如图 2-4-9 所示。

公式：显示温度值 = 读取温度值*120/27648-40

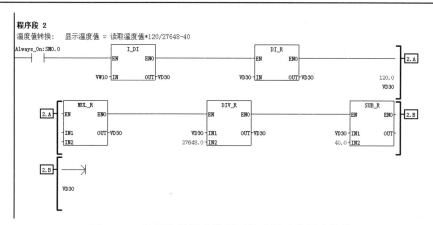

图 2-4-9　将采集的温度数据转换成显示的温度数值

程序段 3：将采集的湿度数据转换成显示的湿度数值，如图 2-4-10 所示。

公式：显示湿度值 = 读取湿度值*100/27648

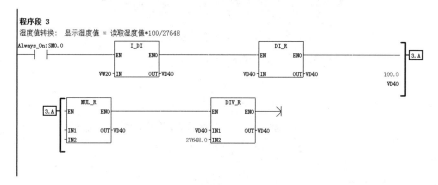

图 2-4-10　将采集的湿度数据转换成显示的湿度数值

3) 调试程序

打开"调试"→"程序状态"，可以看到 VW10 里的数据，调节模拟输入电压值，此数据也随之变化，如图 2-4-11 所示。

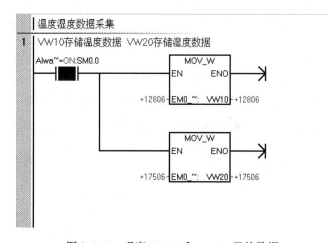

图 2-4-11　观察 VW10 和 VW20 里的数据

观察转换的温度湿度值，如图 2-4-12 所示。

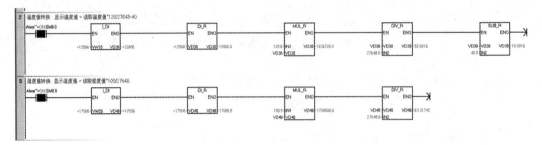

图 2-4-12　观察转换的温度湿度值

4) 组态 TD400C

(1) 文本显示向导：启动文本显示向导如图 2-4-13 所示。

图 2-4-13　启动文本显示向导

选择要组态的 TD，点击"下一页"按钮，如图 2-4-14 所示。

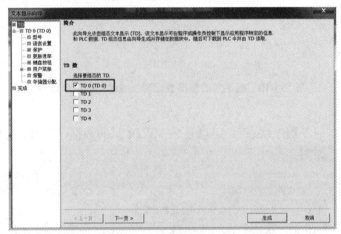

图 2-4-14　选择要组态的 TD

如图 2-4-15 所示，选择 TD400C 版本，继续点击"下一页"按钮。

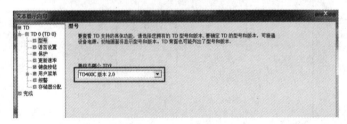

图 2-4-15　选择 TD400C 版本

"语言设置"选择中文，继续点击"下一页"按钮，如图 2-4-16 所示。

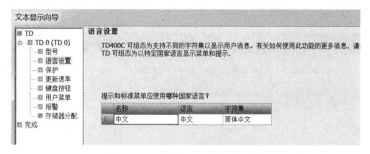

图 2-4-16 　选择"语言"为中文

取消勾选"启用密码保护"，点击"下一页"按钮，如图 2-4-17 所示。

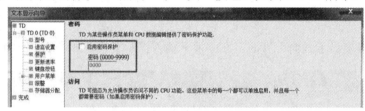

图 2-4-17 　不启用密码保护

"更新频率"选择为"尽快"，点击"下一页"按钮，如图 2-4-18 所示。

图 2-4-18 　"更新频率"为"尽快"

(2) 创建菜单与画面：在"用户菜单"界面的"名称"里写入文字"数据显示菜单"，创建一个数据显示菜单，点击"下一页"按钮，如图 2-4-19 所示。

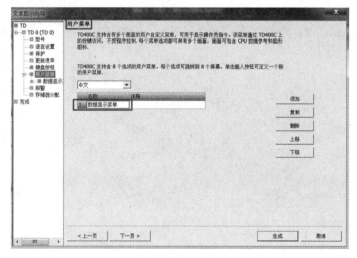

图 2-4-19 　创建"数据显示菜单"

　　在"数据显示菜单"界面的"名称"里写入文字"温湿度显示画面",创建一个数据显示画面,点击"下一页"按钮,如图 2-4-20 所示。

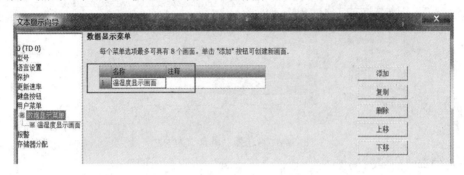

图 2-4-20　创建一个温湿度显示画面

　　进入"温湿度显示画面"界面。在面板上输入提示文字,如图 2-4-21 所示。

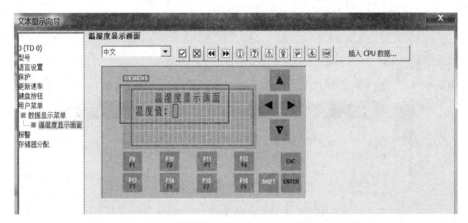

图 2-4-21　在"温湿度显示画面"面板上输入提示文字

　　设置温度变量,如图 2-4-22 所示。

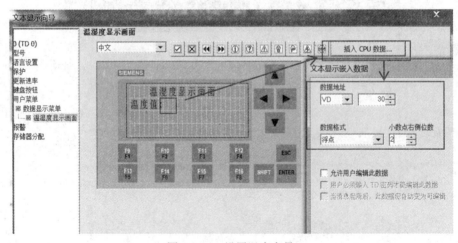

图 2-4-22　设置温度变量

设置结果如图 2-4-23 所示。

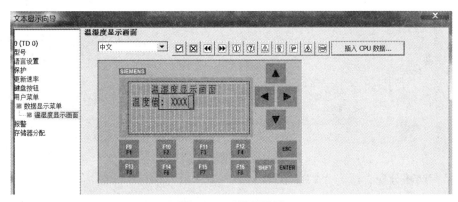

图 2-4-23　设置结果

设置湿度变量，如图 2-4-24 所示。

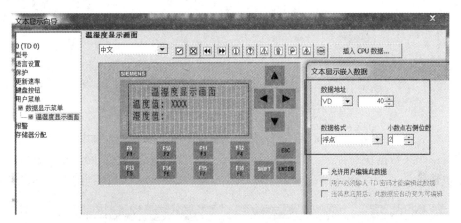

图 2-4-24　设置湿度变量

设置结果如图 2-4-25 所示。

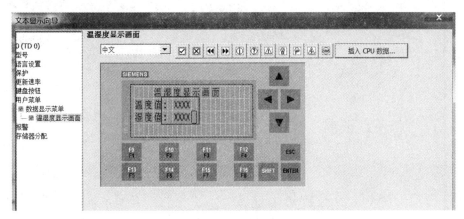

图 2-4-25　设置结果

"报警"项均为默认设置，点击"下一页"按钮，如图 2-4-26 所示。

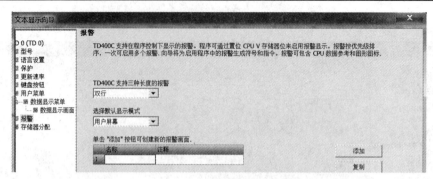

图 2-4-26　"报警"项默认

将"存储器分配"改为"VB200"，点击"下一页"按钮，如图 2-4-27 所示。

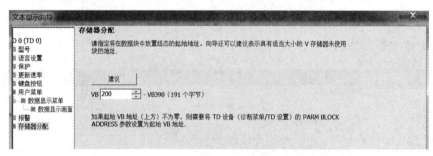

图 2-4-27　"存储器分配"改为"VB200"

进入"完成"页面，点击"生成"按钮，完成文本显示组态，如图 2-4-28 所示。

注意：如果数据块有冲突，TD400C 会显示"无参数块"。此时手动修改文本显示器上"参数块地址"为 200 就可以。总之，程序用的 V 区与 TD400C 用到的 V 区不要有冲突。

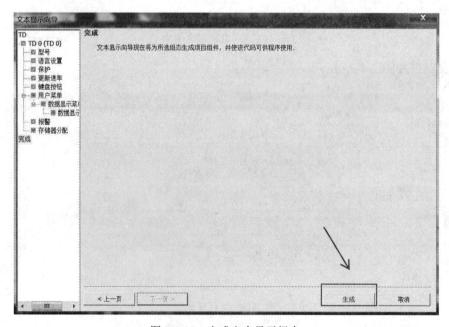

图 2-4-28　完成文本显示组态

(3) TD400C 文本显示器显示结果如图 2-4-29 所示。

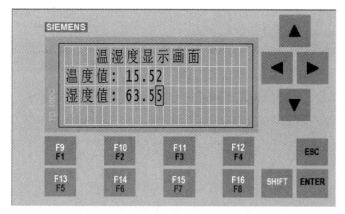

图 2-4-29　TD400C 文本显示器显示结果

2. Ⅰ段电压保护、Ⅱ段电压保护的文本显示设置

钢轨电位限制装置采用了 SIMATIC S7-200 做为系统的控制核心元件，可通过 SIMATIC TD400C 人机界面对短路装置的各项参数进行调节及显示故障信息，并由通信模块向后台传送模拟量及数字量信号。

钢轨电位限制装置不断监测钢轨对大地的电位，可以对三段不同的电压值进行保护。①电位差大于设定电压的 U>值(90 V)，②电位差大于设定电压的 U>>值(150 V)，③电位差大于设定电压的 U>>>值(600 V)。

下面模拟两段电压保护设定值，分别是 8 V 和 9 V，实现在文本显示器上显示保护电压设定值并能够对设定值进行修改。

采集的电压值存放在变量 VD50 里，转换成显示的电压值存放在变量 VD60 里，设定的Ⅰ段电压保护值存放在变量 VD70 里，Ⅱ段电压保护值存放在变量 VD80 里，可以在文本编辑器上设置。

1) 接线图

模拟输入端通道 2 接入一个 0~10 V 可调的直流电源(增加的电路在红框里)，如图 2-4-30 所示。

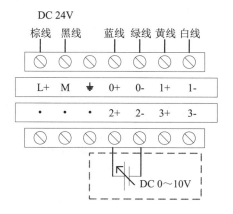

图 2-4-30　模拟输入端通道 2 接入一个 0~10 V 可调的直流电源

2) 程序编写

网络4：在通道2创建电压数字量并转换成电压模拟量，如图2-4-31所示。

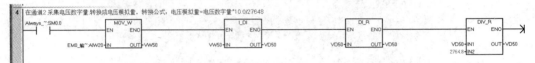

图2-4-31　在通道2创建电压数字量并转换成电压模拟量

网络5：将Ⅰ段设定值存入变量VD60同时将Ⅱ段设定值存入变量VD70，如图2-4-32所示。

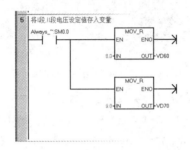

图2-4-32　将Ⅰ段设定值存入变量VD60同时将Ⅱ段设定值存入变量VD70

网络6、7：将Ⅰ端电压与Ⅱ端电压实际值与设定值进行比较并分别输出保护信号，如图2-4-33所示。

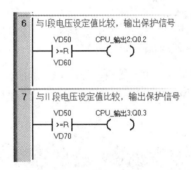

图2-4-33　实际电压与设定电压比较并分别输出保护信号

3) 调试程序

打开"调试"→"程序状态"，可以看到VD50里的数据，调节模拟输入电压值，此数据也随之变化，如图2-4-34所示。

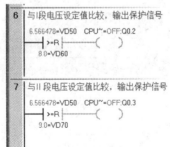

图2-4-34　观察VD50里的数据变化

VD50 里的数据大于 8.0，可以看到 Q0.2 接通，如图 2-4-35 所示。

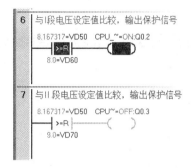

图 2-4-35　VD50 里数据大于 8.0 时 Q0.2 接通

VD50 里的数据大于 9.0，可以看到 Q0.3 接通，如图 2-4-36 所示。

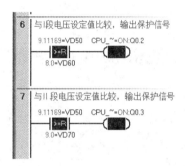

图 2-4-36　VD50 里数据大于 9.0 时 Q0.3 接通

4) 组态 TD400C

打开"系统块"窗口，设置通道 2，如图 2-4-37 所示。

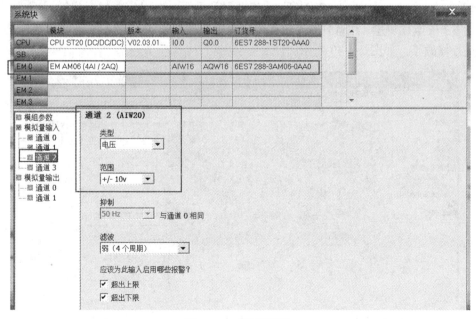

图 2-4-37　设置通道 2

在"数据显示菜单"界面添加两个显示画面"I 段电压保护画面"和"II 段电压保护画面"。如图 2-4-38 所示。

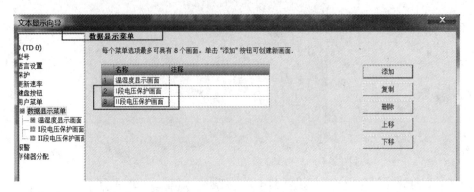

图 2-4-38　添加两个显示画面"I 段电压保护画面"和"II 段电压保护画面"

进入"I 段电压保护画面"界面，在面板上输入提示文字，如图 2-4-39 所示。

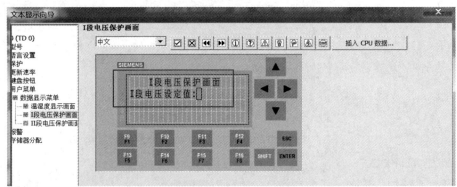

图 2-4-39　在"I 段电压保护画面"面板上输入提示文字

设置 I 段电压变量，注意勾选"允许用户编辑此数据"，这样就可以在文本显示器上对数据进行修改了，如图 2-4-40 所示。

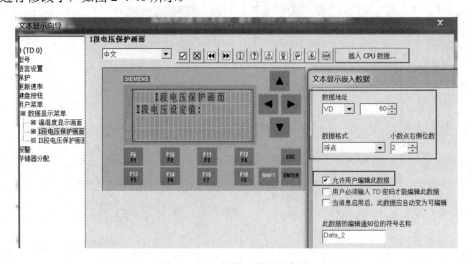

图 2-4-40　设置 I 段电压变量

显示结果如图 2-4-41 所示。

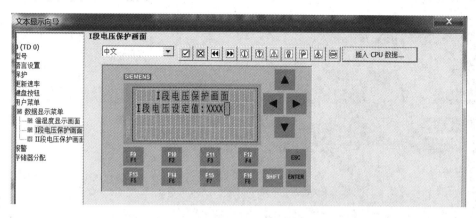

图 2-4-41　显示结果

进入"Ⅱ段电压保护画面"界面，在面板上输入提示文字，如图 2-4-42 所示。

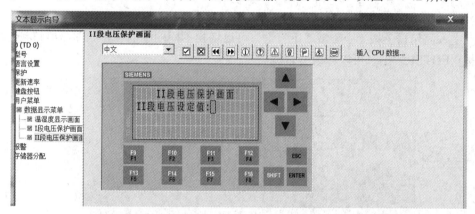

图 2-4-42　在"Ⅱ段电压保护画面"面板上输入提示文字

设置Ⅱ段电压变量，注意勾选"允许用户编辑此数据"，如图 2-4-43 所示。

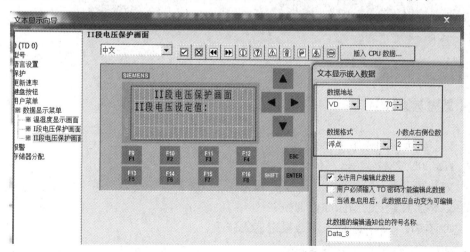

图 2-4-43　设置Ⅱ段电压变量

显示结果如图 2-4-44 所示，点击右下方"完成"按钮。

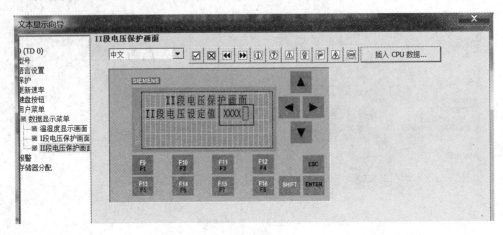

图 2-4-44　显示结果

5) 文本显示器显示结果

在文本显示器上按"上"或"下"键，可以切换不同的画面。在如图 2-4-45 所示的画面上按"ENTER"键，可以修改变量值。

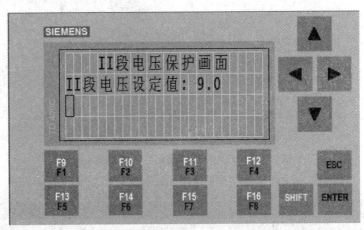

图 2-4-45　文本显示器显示结果

【思考与练习】

1. 文本显示器的作用是什么？
2. TD400C 文本显示器有什么特点？
3. 文本显示器上的按键如何设置？
4. 文本显示器上的画面如何切换？
5. 如何实现文本显示器上参数设定值的修改？

任务 2-5　使用 SMART 通过 RS485 采集数据

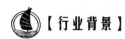【行业背景】

在仪表选型时的一个必要条件就是要具有联网通信接口。最初是数据模拟信号输出简单过程量，后来仪表接口是 RS232 接口，这种接口可以实现点对点的通信方式，但不能实现联网功能。随后出现的 RS485 解决了这个问题。

从无锡地铁 SCADA 系统图中可以看到，像整流变温控器、钢轨电位限位装置、负极柜和交直流屏这些变电所设备的数据都是由 RS485 串行接口通过智能测控单元采集到站级管理层的，如图 2-5-1 所示。

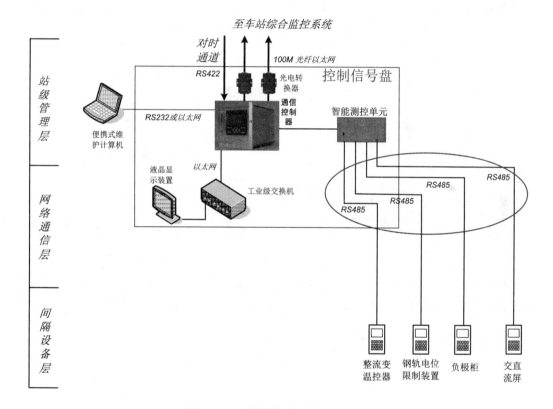

图 2-5-1　无锡地铁 SCADA 系统图

无锡地铁 SCADA 系统与 400V 智能单元采用 RS485 接口组网，通信协议采用 Modbus-RTU 协议。400 V 智能单元通过 RS485 总线，实现在开关柜内组网，通过安装于 400V 1 号进线柜内的光电转换器，将电信号转换为光信号传送至控制信号盘的通信控制器上进而实现通信。SCADA 系统与开关柜间采用光纤通道互联，可以增强现场实际运行中抗电磁干扰能力。接口示意图如图 2-5-2 所示。

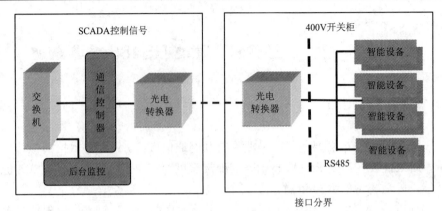

图 2-5-2　400V 智能单元 RS485 接口示意图

无锡地铁 SCADA 系统与交直流屏、温控器、整流器、有源滤波、单相导通等智能单元采用 RS485 接口组网，通信协议采用 Modbus-RTU 协议。智能单元通过 RS485 总线，直接接至控制信号屏与通信控制器通信。接口示意图如图 2-5-3 所示。

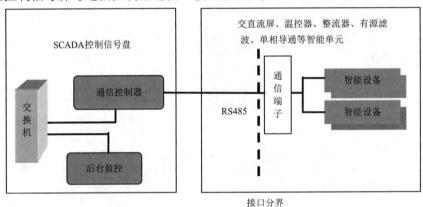

图 2-5-3　SCADA 智能单元 RS485 接口示意图

ST700 直流微机综合保护装置的电源板模块(端子 X1)如图 2-5-4 所示。RS485 接口通信在 SCADA 系统的间隔设备层是最常使用的通信接口，该模块采用两个 RS485 接口，使用起来灵活方便。

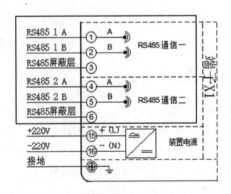

图 2-5-4　电源板模块(端子 X1)RS485 端口

【相关知识】

1. RS485 串口简介

在前面的任务 1-3 中我们已经介绍了 RS232 串口通信，下面主要介绍 RS485 串口通信知识。

1) RS485 串口特点

RS485 采用差分信号负逻辑，+2 V～+6 V 表示"0"，−6 V～−2 V 表示"1"。RS485 有两线制和四线制两种接线，四线制只能实现点对点的通信方式，现在很少采用，目前多采用的是两线制接线方式，这种接线方式为总线式拓扑结构，在同一总线上最多可以挂接 32 个结点。在 RS485 通信网络中一般采用的是主从通信方式，即一个主机带多个从机。RS485 的主要优点是两个设备之间的长距离数据传输。它们常用于电噪声工业环境。

2) RS485 串行通信协议

RS485 是一种异步串行通信协议，不需要时钟脉冲。它使用被称为差分信号的传输方法将二进制数据从一个设备传输到另一个设备。

差分信号方法通过使用+5 V～−5 V 产生差分电压来工作。当使用两根电线时，它提供半双工通信，而全双工则需要 4 条电线。

通过使用这种方法有以下优点：

(1) 与 RS232 相比，RS485 支持最高 30 Mb/s 的更高数据传输速率。

(2) 提供最大的数据传输距离。它最多可传输距离为 1200 m。

(3) RS485 相对于 RS232 具有单个主设备的多个从设备，RS232 仅支持单个从设备。

(4) 它最多可以有 32 个设备连接到 RS485 协议。

(5) 可以免受噪声影响，因为它们使用差分信号方法进行传输。

3) RS485 串口接口定义

A 或 Data+(D+)或+：信号正。

B 或 Data− (D−)或−：信号负。

4) 计算机与 RS485 串口的仪表通信

计算机自带的串口只有 RS232，没有 RS485，如果计算机要与 RS485 串口的仪表进行通信，必须使用串口转换器或装上 RS485 串口转换卡。

2. RS232 与 RS485 的比较

1) RS232 串口通信的特点

(1) 以全双工方式工作。

(2) 传输距离有限，一般在 15 m 以内。

(3) 只能实现点对点的通信方式。

(4) 在 TX 和 RX 上：逻辑电平"1"为−3 V～−15 V，逻辑电平"0"为+3 V～+15 V。

2) RS485 串口通信的特点

(1) 采用平衡发送和差分接收，信号能传输上千米。

(2) 以半双工方式工作。

(3) 可实现真正的多点通信。

(4) 具有良好的抗干扰能力。

3. Modbus 通信协议

Modbus 是一种串行通信协议，是 Modicon 公司(现在的施耐德电气 Schneider Electric)于 1979 年为使用可编程逻辑控制器(PLC)通信而发表。Modbus 已经成为工业领域通信协议的业界标准，并且是目前工业电子设备之间常用的连接方式。

Modbus 允许多个(大约 240 个)设备连接在同一个网络上进行通信。在数据采集与监视控制系统(SCADA)中，Modbus 通常用来连接监控计算机和远程终端控制系统(RTU)。

Modbus 的串行连接，有两个模式，它们只是在数值数据表示和协议细节上略有不同。Modbus RTU 采用二进制表示数据，Modbus ASCII 是一种用 ASCII 字符表示数据的方式。这两个模式都使用串行通信方式。RTU 格式后续的命令/数据带有循环冗余校验的校验和，而 ASCII 格式采用纵向冗余校验的校验和。被配置为 RTU 模式的节点不会和配置为 ASCII 模式的节点通信，反之亦然。

Modbus 的 TCP/IP(例如以太网)连接，存在多个 Modbus/TCP 模式，这种方式不需要校验和计算。

对于所有的这三种通信协议在数据模型和功能调用上都是相同的，只是封装方式不同而已。

Modbus 协议是一个主从架构的协议。有一个节点是主节点，其他使用 Modbus 协议参与通信的节点是从节点，每一个从设备都有一个唯一的地址。在串行网络中，只有被指定为主节点的节点可以启动一个命令(在以太网上，任何一个设备都能发送一个 Modbus 命令，但是通常也只有一个主节点设备启动指令)。

一个 Modbus 命令包含了执行该命令的设备的 Modbus 地址。所有设备都会收到命令，但只有与命令地址相同的设备才会执行及回应指令(地址 0 例外，指定地址 0 的指令是广播指令，所有收到指令的设备都会执行指令，但不回应指令)。所有的 Modbus 命令都包含了校验码，以确定到达的命令没有被破坏。基本的 Modbus 命令能改变 RTU 中某个寄存器的值，控制或者读取一个 I/O 端口，以及要求设备回送一个或者多个寄存器中的数据。

1) 通信基本参数

通信基本参数如表 2-5-1 所示。

表 2-5-1　　通信基本参数

编　码	8 位二进制
数据位	8 位
奇偶校验位	无
停止位	1 位
错误校验	CRC(冗余循环码)
波特率	2400b/s、4800b/s、9600b/s 可设，出厂默认为 4800bit/s

2) 数据帧格式定义

无论是 ASCII 模式还是 RTU 模式，Modbus 信息均以帧的方式传输，每帧有确定的起始点和结束点，接收设备在信息的起点开始读地址，并确定要寻址的设备，以及信息传输的结束时间。起始点和结束点可检测部分信息，错误可作为一种结果设定。

RS485 通信采用 Modbus-RTU 通信协议，格式如表 2-5-2 所示。

表 2-5-2　Modbus-RTU 通信协议

初始结构	地址码	功能码	数据区	错误校验	结束结构
4 字节的时间	1 字节	1 字节	N 字节	16 位 CRC 码	4 字节的时间

初始结构：大于 4 字节的时间

结束结构：大于 4 字节的时间。

地址码：为变送器的地址，在通信网络中是唯一的(出厂默认 0x01)。

功能码：主机所发指令功能指示，本变送器只用到功能码 0x03(读取寄存器数据)。

数据区：数据区是具体通信数据，

CRC 码：二字节的校验码，注意 16 bits 数据高字节在前。

主机问询帧结构：

地址码	功能码	寄存器起始地址	寄存器长度	校验码低位	校验码高位
1 字节	1 字节	2 字节	2 字节	1 字节	1 字节

从机应答帧结构：

地址码	功能码	有效字节数	数据一区	第二数据区	第 N 数据区	校验码
1 字节	1 字节	1 字节	2 字节	2 字节	2 字节	2 字节

3) 寄存器地址

Modbus 地址通常包含数据类型和偏移量共 5 个字符值。第一个字符确定数据类型，后面 4 个字符确定数据类型内的正确数值。

Modbus 从站指令支持以下地址：

00001～00128 是实际输出，对应于 Q0.0～Q15.7；

10001～10128 是实际输入，对应于 I0.0～I15.7；

30001～30032 是模拟输入寄存器，对应于 AIW0～AIW62；

40001～4xxxx 是保持寄存器，对应于 V 区。

RS485 温度变送器寄存器地址含义如下：

寄存器地址(16 进制)	寄存器地址(10 进制)	PLC 或组态地址(10 进制)	内　容	操作
0000 H	0	40001	保留	只读
0001 H	1	40002	温度(是实际温度的 10 倍)	只读

寄存地址为 0，对应 Modbus 通信里的 40001，内容为保留数据。

寄存地址为 1，对应 Modbus 通信里的 40002，内容为实时温度值。

4) 通信协议示例以及解释

(1) 读取设备地址 0x01(十进制地址为 1)的温度值。

问询帧(16 进制):

地址码	功能码	起始地址	数据长度	校验码低位	校验码高位
0x01	0x03	0x00 0x00	0x00 0x02	0xC4	0x0B

应答帧(16 进制): 例如读到温度为-10.1℃

地址码	功能码	有效字节数	保留	温度值	校验码低位	校验码高位
0x01	0x03	0x04	0x00 0x00	0xFF 0x9B	0xFA	0x68

温度计算:

当温度低于 0℃时温度数据以补码形式上传。

温度: FF9B H(十六进制)=−101 意为温度为−10.1℃

(2) 读取设备地址 0x43(十进制地址为 67)的温度值。

询问帧(16 进制)

地址码	功能码	起始地址	数据长度	校验码低位	校验码高位
0x43	0x03	0x00 0x00	0x00 0x02	0xCB	0x29

应答帧(16 进制): (例如读到温度为 26.9℃)

地址码	功能码	返回有效字节数	保留	温度值	校验码低位	校验码高位
0x43	0x03	0x04	0x00 0x00	0x01 0x0d	0x58	0x62

温度: 10D H(十六进制) =269 意思是温度为 26.9℃

【任务实施】

1. RS485 温度变送器器件检测与参数设置方法

1) 配置软件选择

如果需要修改设备地址或波特率，可以通过按键设置，也可以使用配置软件设置。打开 RS485 温度变送器厂家提供的资料包，选择"调试软件"文件夹，打开"485 参数配置软件"，(找到 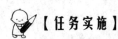 ，双击打开即可)。注意: 在使用该配置软件更改地址和波特率的时候只能接一台设备，如图 2-5-5 所示。

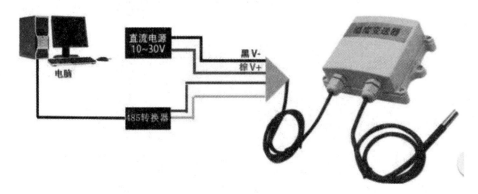

图 2-5-5　RS485 温度变送器参数设置电路连接实物图

2) 电路连接

图 2-5-5 所示为厂家给出的电路连接实物图，图中的"485 转换器"可以直接使用 USB 转 RS485 转换器。如果手头只有 TTL 转 RS485 的转换器，可以再使用一个 USB 转 TTL 的转换器与之连接，RS485 温度变送器与电脑接线图如图 2-5-6 所示。

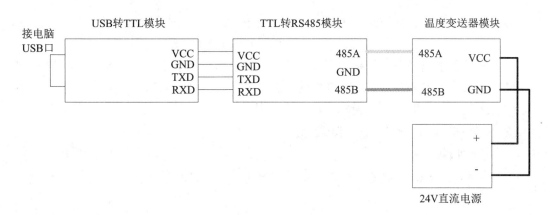

图 2-5-6　RS485 温度变送器与电脑接线图

3) 串口通信参数设置

(1) 选择正确的 COM 口(右击"我的电脑"→"属性"→"设备管理器"→"端口"里面查看 COM 端口)。

(2) 单独只接一台设备并上电，点击软件的测试波特率，软件会测试出当前设备的波特率以及地址，默认波特率为 4800 b/s，默认地址为 0x01。

(3) 根据使用需要修改地址以及波特率，同时可查询设备的当前功能状态。

(4) 如果测试不成功，请重新检查设备接线及 RS485 驱动安装情况。

4) 用 RS485 温度变送器配置软件测试器件参数

图 2-5-7 所示为 RS485 温度变送器配置软件界面，在此界面可以更改设备地址，设备波特率及观察温度值，还可以监测设备通信情况。

485变送器配置软件V2.1		
请选择串口号： COM3 ▼	测试波特率	
设备地址： 1	查询	设置
设备波特率： 9600	查询	设置
温度值： 27.3	查询	
湿度值：	查询	
水浸状态：	查询	
断电状态：	查询	
光照度：	查询	参数设定
CO2：	查询	
遥信输出延时：	查询	设置
遥信常开常闭设置： ▼	查询	设置
湿度上限：	查询	设置

图 2-5-7　RS485 温度变送器配置软件界面

操作时需先打开软件，再插上器件，否则会提示串口打不开。要正确选择串口号，正常情况下可以显示设备地址、波特率和温度值。如果没有显示设备地址、波特率和温度值，先按"测试波特率"按钮，再按温度值的"查询"按钮。

2. SMART 采集一个温度传感器的数据

1) 硬件设备

一个支持 Modbus 协议的温度传感器，实物如图 2-5-8 所示。

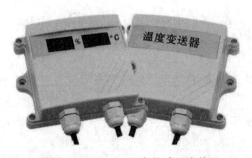

图 2-5-8　RS485 温度传感器实物

2) 温湿度传感器参数

厂家一般都会配一个修改软件，这里不做修改，使用其默认值。

波特率：9600 b/s。

数据格式：8 位数据位、无校验。

通信方式：标准 Modbus RTU。

通信地址：2。

3) SMART 与温度变送器端口连接

将温度变送器与 SMART 的 DB9 接口连接，接线图如图 2-5-9 所示。

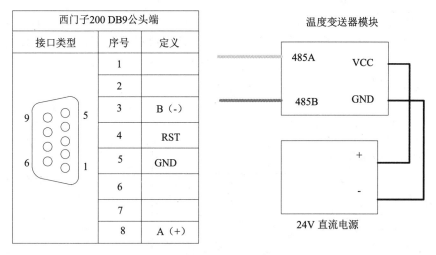

图 2-5-9   S7-200 SMART 与 RS485 接口温度变送器接线图

4) 程序编写

网络 1 如图 2-5-10 所示。初始化主设备命令 MBUS_CTRL 用于 S7-200 端口 0，可初始化、监视或禁用 Modbus 通信。在使用 MBUS_MSG 命令之前，必须正确执行 MBUS_CTRL 命令，此命令执行完成后，立即设定"完成"位，才能继续执行下一条命令。

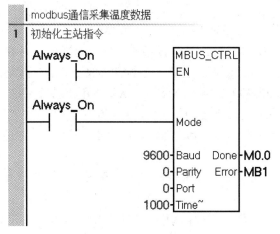

图 2-5-10   网络 1 程序

程序解析：

"模式"(Mode)输入的值用于选择通信协议。输入值为 1 时，将 CPU 端口分配给 Modbus 协议并启用该协议。

参数"奇偶校验"(Parity)应与 Modbus 从站设备的奇偶校验相匹配(0 为无奇偶校验)。

参数"端口"(Port)设置为物理通信端口(0 = CPU 中集成的 RS485)。

参数"超时"(Timeout)设为等待从站做出响应的毫秒数。典型值是 1000 ms。

当 MBUS_CTRL 指令完成时，指令将"真"(TURE)返回给"完成"(Done)输出。

"错误"(Error)输出包含指令执行的结果。

网络 2 如图 2-5-11 所示。MBUS_MSG 命令用于启动对 Modbus 从站的请求，并处理应答。当"EN"输入和"First"输入打开时，MBUS_MSG 命令启动对 Modbus 从站的请求。发送请求、等待应答并处理应答。"EN"输入必须打开，以启用请求的发送，并保持打开，直到"完成"位被置位。此命令在一个程序中可以执行多次。

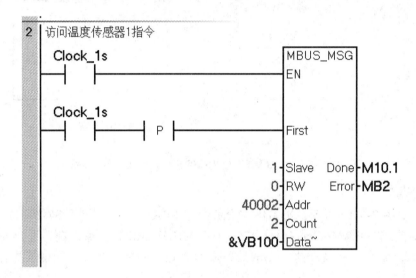

图 2-5-11 网络 2 程序

程序解析：

参数"从站"(Slave)是 Modbus 从站设备的地址。允许范围为 0 至 247。地址 0 是广播地址。仅将地址 0 用于写入请求。系统不会响应对地址 0 的广播请求。并非所有从站设备都支持广播地址，如 S7-200 SMART Modbus 从站库不支持广播地址。

使用参数"RW"指示是读取还是写入该消息，0 为读取。

参数"地址"(Addr)是起始 Modbus 地址。寄存器地址为 0，对应 Modbus 通信里的地址 40001。

参数"计数"(Count)用于分配要在该请求中读取或写入的数据元素数。读取仪表中保持寄存器字数。

参数"DataPtr"是间接地址指针，指向 CPU 中与读请求相关的数据的 V 存储器。将 DataPtr 设置为用于存储从 Modbus 从站读取的数据的第一个 CPU 存储单元。

地址 1 的温度数据被存入到以 VW100 为起始的两个字，即 VW100 为保留数据，VW102 为实时温度值，这里要注意，整数转为实数后再除以 10，就是最后的温度值。

5) 程序调试

网络 1 初始化主站指令程序调试如图 2-5-12 所示。

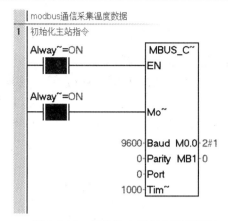

图 2-5-12　初始化主站指令程序调试

网络 2～3 显示温度值程序调试如图 2-5-13 所示。

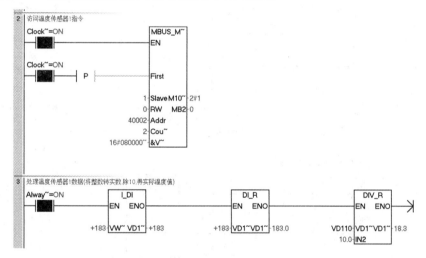

图 2-5-13　显示温度值程序调试

3. SMART 采集两个温度传感器的数据

1) SMART 与温度变送器端口连接

S7-200SMART 读取两个 RS485 接口温度变送器接线图如图 2-5-14 所示。

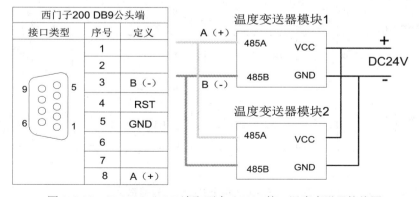

图 2-5-14　S7-200SMART 读取两个 RS485 接口温度变送器接线图

2) 程序编写

网络 1 初始化主站指令程序如图 2-5-10 所示。

网络 2 至网络 6 采集两个温度传感器的程序如图 2-5-16 所示。其中网络 2 使用定时器产生一个秒发生器，网络 3 的命令是在前 0.5 秒读温度传感器 1 的值，网络 4 的命令是在后 0.5 秒读温度传感器 1 的值。网络 5 是将读出的温度传感器 1 的值进行数值转换，得出实际的温度值，网络 6 是将读出的温度传感器 2 的值进行数值转换，得出实际的温度值。

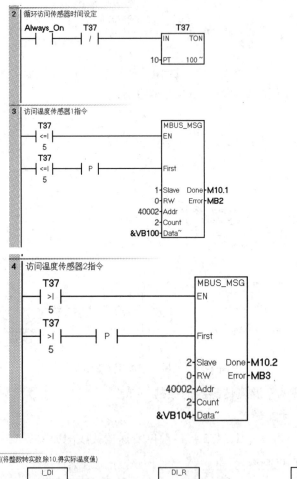

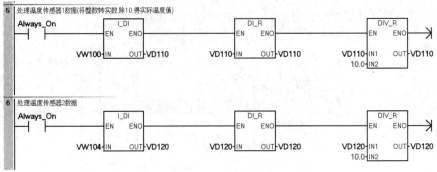

图 2-5-15　采集两个温度传感器的程序

3) 程序调试

调试程序如图 2-5-17 所示。

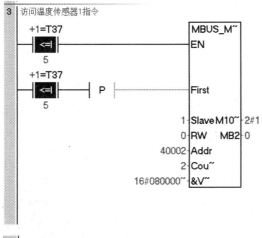

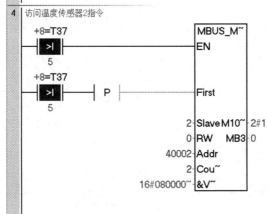

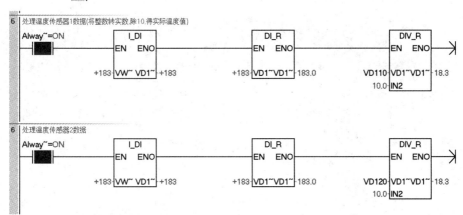

图 2-5-16　显示两个传感器的温度数据的调试程序

4. 组态王读取温度数值(以读取一个温度值为例)

1) 变量设置

温度 1 值变量设置如图 2-5-17 所示。

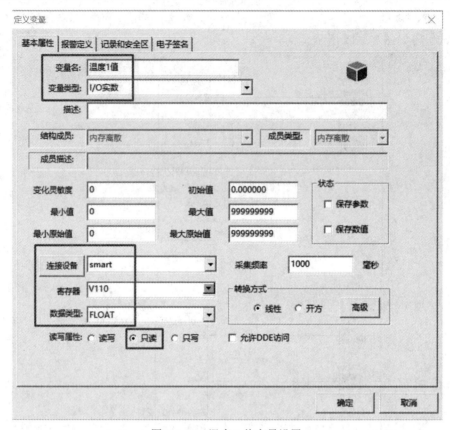

图 2-5-17　温度 1 值变量设置

2) 画面设置

画面设置如图 2-5-18 所示。

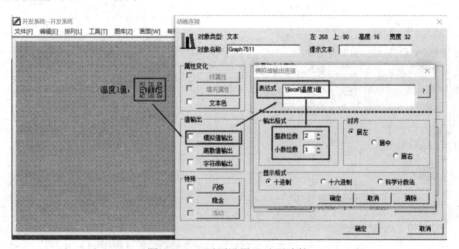

图 2-5-18　画面设置及动画连接

3) 运行结果

运行结果如图 2-5-19 所示。

图 2-5-19　运行结果

【思考与练习】

1. RS232 通信与 RS485 通信有何不同?

2. 画出 RS485 通信询问帧及应答帧的数据格式。

3. SMART 软件里的 Modbus 指令在哪里?

4. 监控软件读取温度数据时,为什么寄存器为 V110?

5. 用组态王读取两个温度数值并在画面上显示出来。

项目 3　监控软件的应用设置

城市轨道交通电力监控系统的监控软件采用的是组态软件。使用组态软件，工程设计人员在组态设备时只需选择一些事先设计好的选项，或使用图形工具把被控对象(如开关、趋势曲线、报表等)形象地画出来，通过内部数据连接将被控对象的属性与工作设备的实时数据进行逻辑连接。当由组态软件生成的应用系统投入运行后，设备的数据变化会随着被控对象的属性变化，实现计算机控制设备。

组态软件的优点是不用编程，用现有的平台功能组合特定的应用功能，方便在现场组态设备。

在本项目中，我们将学习如何用组态软件实现在计算机界面对现场设备的动画控制以及设备参数的表格化处理等。

任务 3-1　设置报警与权限

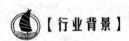
【行业背景】

1. 报警事件示例

PSCADA 系统具备完善的报警功能，可将报警信息进行分级并筛选重组，建立一个报警体系。根据不同的需要，报警分为不同的类型，并提供实时的画面报警信息。用户在报警发生后可以立即查询报警的详细信息。

(1) 现场设备发生开关变位或装置异常后，PSCADA 界面直接弹出对话框显示报警内容以及报警的类型：开关遥信变位、开关事故跳闸、设备异常或故障、微机保护动作、遥测越限、工况投退等。报警方式是画面报警，报警窗口如图 3-1-1 所示。

| 2018-08-21　16:32:02　SOE事件　XZJS:ST700_03　本地分闸 | ✓确认 | |

图 3-1-1　报警窗口

(2) 可通过选择工具条中的"报警"图标查看报警或确认所有报警，如图 3-1-2 所示。

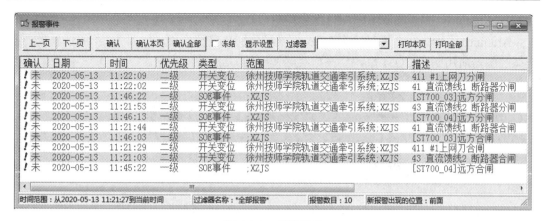

图 3-1-2　报警事件

2. 权限操作示例

SCADA 监控软件系统启动时，弹出"用户登录"窗口，如图 3-1-3 所示，只有填入正确的"用户工号"，"用户名称"和"用户口令"，才可进入"一次系统图界面"。

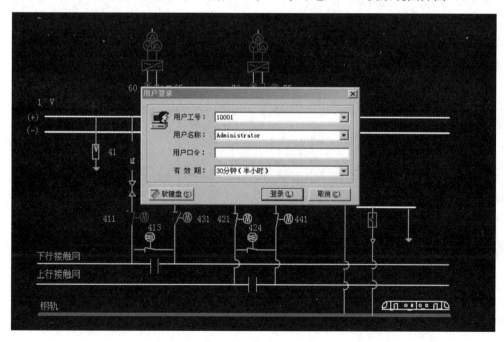

图 3-1-3　监控软件"用户登录"窗口

【相关知识】

1. 间隔设备层四遥功能的实现

此项目中的间隔设备层由两个微控制器 Arduino1 和 Arduino2 组成。以下的监控软件功能的测试，都是在监控这两个微控制器的基础上进行的。

1) Arduino1、Arduino2(下位机)与笔记本电脑(上位机)的连接

Arduino1、Arduino2 通过两根 USB 数据线分别与电脑连接，如图 3-1-4 所示。至于每个微控制器所用到的 COM 口，要根据实际使用的 USB 接口决定。

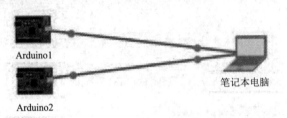

图 3-1-4　笔记本电脑微控制器的连接

2) Arduino1、Arduino2 的电路组成

Arduino1 监控两个数字量数据，分别代表断路器 1 和断路器 2，其中断路器 1 用 LED1 表示，接在 D7 端口；断路器 2 用 LED2 表示，接在 D8 端口。

Arduino2 监控两个模拟量输入数据，分别代表电压 1 和电流 1，电位器 RP_1 分压产生的模拟电压接于 A0 端口，电位器 RP_2 分压产生的模拟电压接于 A1 端口。其中模拟量输出端口连接一个发光二极管 LED，代表模拟量负载，接于模拟量输出端口 D6。如图 3-1-5 和图 3-1-6 所示。

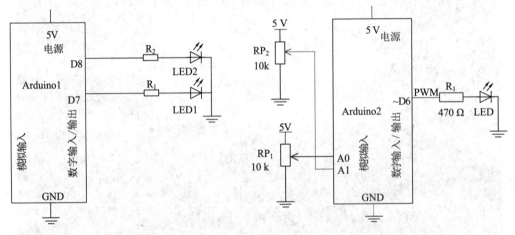

图 3-1-5　两个数字量数据的监控　　　　　　图 3-1-6　两个模拟量数据的监控

3) Arduino1 的程序编写

此程序由初始化功能块和主功能块两部分组成，在初始化功能块部分，使用定时器，定时采集 D7、D8 端口的状态信息并将它们发送给上位机。在主功能块部分，Arduino1 实时检测通信端口，并根据上位机下发的命令，及时改变数字输出端口 D7、D8 的输出状态。如图 3-1-7 所示。

4) Arduino2 的程序编写

Arduino2 从模拟输入端口 A0 和 A1 获取模拟量电压和模拟量电流数据之后，不是立即将数据通过串口传送给上位机，而是先将数据进行转换。具体的转换方法是：从 A0

端口获取的模拟量电压数据无论数据位数是多少，先将其转换成字符串类型，然后判断字符串的位数，最终将其转换成 6 个字符"ab□□□□"的格式，通过串口发送给上位机。从 A1 端口获取的模拟量电流数据无论数据位数是多少，先将其转换成字符串类型，然后判断字符串的位数，最终将其转换成 6 个字符"cd□□□□"的格式，通过串口发送给上位机。

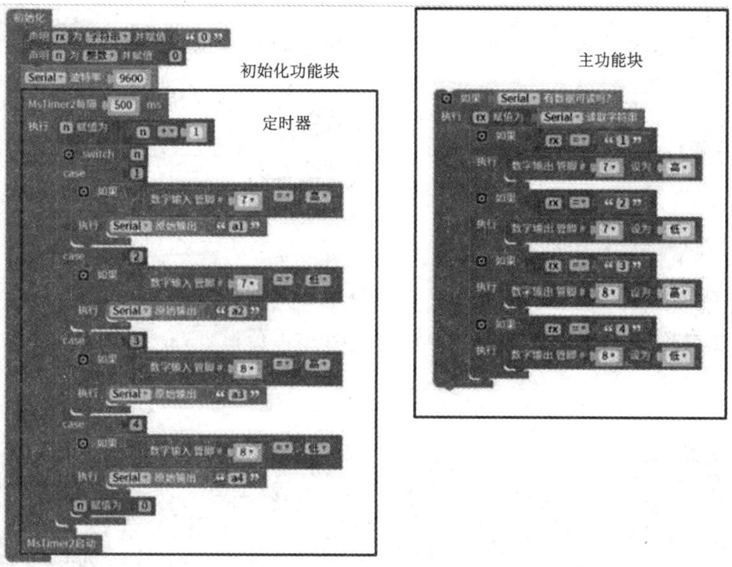

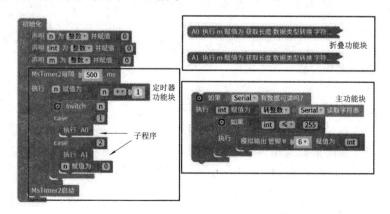

图 3-1-7　Arduino1 的功能块

　　编写程序时，将电压与电流数据转换的功能块放入每隔 500 ms 执行一次的定时器里，这样每隔 500 ms，Arduino2 就向上位机发送电压、电流的数据，如此循环。发送与接收数据相互不受影响。

　　为了使程序结构更加清晰，可以将模拟量电压数据转换功能块和模拟量电流数据转换功能块用子程序表示。然后将子程序的功能块折叠起来，这样程序的结构看起来就容易理解了，且程序的功能不变，如图 3-1-8 所示。

图 3-1-8　Arduino2 的功能块

被折叠的 A0、A1 端口各模拟量电压数据和电流数据转换的功能块子程序如图 3-1-9 和 3-1-10 所示。

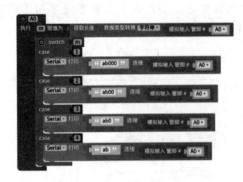 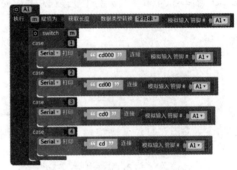

图 3-1-9　A0 端口功能块子程序　　　　图 3-1-10　A1 端口功能块子程序

4) 监控软件组态结果

组态王组态完成后的监控画面如图 3-1-11 所示，在此画面基础上，可以完成监控软件功能的测试。

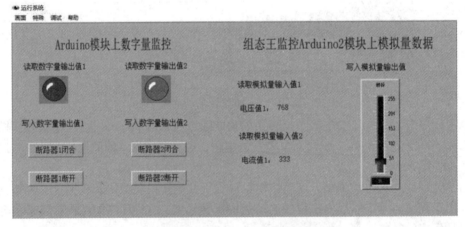

图 3-1-11　组态王组态完成后的监控画面

2. 监控软件的报警

报警是指从间隔设备层采集的数据值超过了所规定的界限时，系统会自动产生相应警告信息，从而提醒操作人员。有了报警，就可以快速引起操作人员的注意，使其对设备情况进行处理。

事件是指用户对系统的行为、动作，即操作，软件都会有相应的记录。如修改了某个变量的值，用户的登录、注销和站点的启动、退出等。事件不需要操作人员应答。

监控软件组态王中报警和事件的处理方法：当报警和事件发生时，组态王把这些信息存于内存中的缓冲区，报警和事件信息在缓冲区中以先进先出的队列形式存储，所以只有最近的报警和事件信息在内存中。当缓冲区信息达到指定数目或记录定时时间到时，系统自动将报警和事件信息进行记录。报警信息的记录方式可以是文本文件、开放式数据库或打印机。另外，用户可以从人机界面提供的报警窗中查看报警和事件信息。

3. 优先级和安全区

监控软件组态王采用分优先级和分安全区的双重保护策略。组态王系统将优先级从低到高定为 1 到 999 级，可以对用户、图形对象、热键命令语言和控件分别设置不同的优先级。

安全区功能在工程中使用广泛，在一个控制系统中一般包含多个控制过程，同时也有多个用户操作该控制系统。为了方便、安全地管理和控制系统中的不同控制过程，组态王引入了安全区的概念。将需要授权的控制过程的对象设置安全区，同时给操作这些对象的用户分别设置安全区，例如工程要求 A 工人只能操作车间 A 的对象和数据，B 工人只能操作车间 B 的对象和数据，组态王中的处理是将车间 A 的所有对象和数据的安全区设置为包含在 A 工人的操作安全区内，将车间 B 的所有对象和数据的安全区设置为包含在 B 工人的操作安全区内，其中 A 工人和 B 工人的安全区不相同。

应用系统中的每一个可操作元素都可以被指定保护级别(最高 999 级，最低 1 级)和安全区(最多 64 个)，还可以指定图形对象、变量和热键命令语言的安全区。与之对应的，设计者可以指定操作者的操作优先级和工作安全区。在系统运行时，若操作者优先级低于可操作元素的访问优先级，或者工作安全区不在可操作元素的安全区内时，可操作元素是不可访问或操作的。

组态王中可定义操作优先级和安全区的有：

(1) 三种用户输入连接：模拟值输入、离散值输入、字符串输入。

(2) 两种滑动杆输入连接：水平滑动杆输入、垂直滑动杆输入。

(3) 五种命令语言输入连接和热键命令语言：鼠标或等价键按下、按住、弹起时，鼠标进入、离开时。

(4) 其他：报警窗、图库精灵、控件(包括通用控件)、自定义菜单。

(5) 变量的定义：每个变量有相应的安全区和优先级。

当用户登录成功后，对于动画连接命令语言和热键命令语言，只有当登录用户的操作优先级不小于该图素或热键规定的操作优先级，并且安全区在该图素或热键规定的安全区内时，方可访问该对象或执行命令语言。命令语言执行时与其中连接的变量的安全区没有关系，命令语言会正常执行。对于滑动杆输入和值输入除了要求登录用户的操作优先级不小于对象设置的操作优先级、安全区在对象的安全区内，还要求其安全区必须在所连接变量的安全区内，否则用户虽然可以访问对象(使对象获得焦点)，但不能操作和修改它的值，在组态王的信息窗口中也会有对连接变量没有修改权限的提示信息。

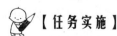

【任务实施】

1. 报警设置

该内容要求了解事件和报警窗口的作用，掌握它们相应的设置方法，以及在运行系统中如何对这些窗口进行操作。

1) 实时报警设置

(1) 定义报警组：选择"报警组"，双击进行编辑，添加报警组"变电所 1"。"变电所 1"里还可以添加分支组，如"模拟量组""数字量组"，如图 3-1-12 所示。

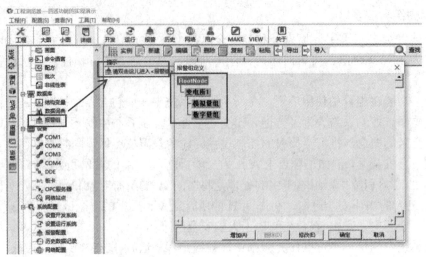

图 3-1-12　定义报警组

(2) 将变量加入报警组，设置变量的报警定义属性：双击"数据词典"，打开变量"电压 1"，选中"报警定义"标签页，配置变量"电压 1"的报警属性如图 3-1-13 所示。

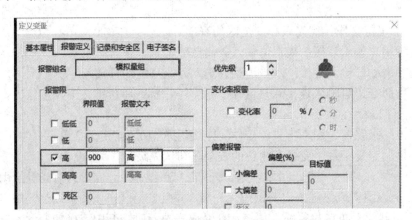

图 3-1-13　配置变量"电压 1"的报警属性

变量"电流 1"的报警属性配置如图 3-1-14 所示。

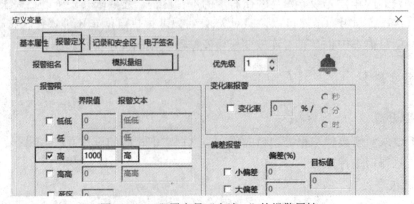

图 3-1-14　配置变量"电流 1"的报警属性

数字量变量"断路器 1 状态"报警属性的设置如图 3-1-15 所示。数字量变量"断路器

2 状态"报警属性的设置与此相同。

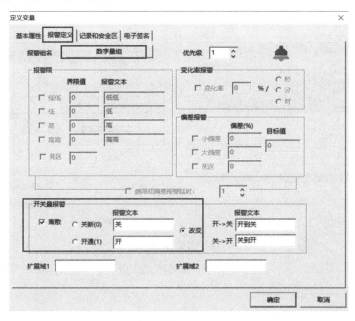

图 3-1-15　数字量变量"断路器 1 状态"报警属性的设置

(3) 创建实时报警和事件窗口画面：新建一个报警画面，如图 3-1-16 所示。

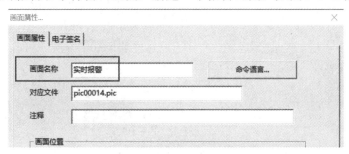

图 3-1-16　新建的报警画面

选择工具箱中的"报警窗"并绘制表格，如图 3-1-17 所示。

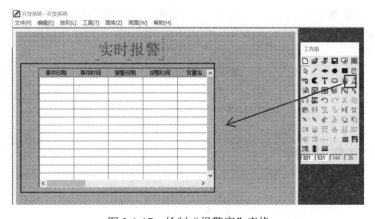

图 3-1-17　绘制"报警窗"表格

双击报警窗口打开"报警窗口设置属性页",给报警窗口命名为"实时报警",报警窗口选择"实时报警窗",其他属性选择默认状态,如图 3-1-18 所示。

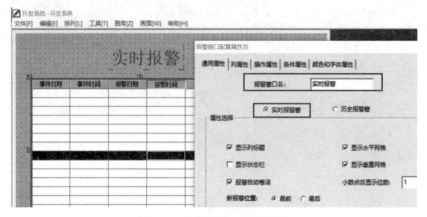

图 3-1-18 报警窗口属性设置

添加"电压""电流"显示,便于观察,添加"退出系统"按钮,便于操作,如图 3-1-19 所示。

图 3-1-19 添加"电压""电流"显示及"退出系统"按钮

"退出系统"按钮设置方法如图 3-1-20 所示。

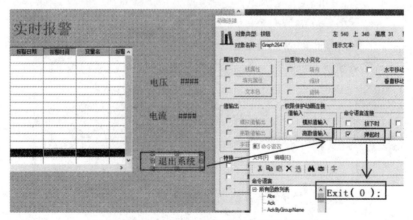

图 3-1-20 "退出系统"按钮设置方法

测试实时报警结果：调节输入电压电流值，超出设定值则产生报警信息。在数据回到正常值时，报警信息消失，如图 3-1-21 所示。

图 3-1-21　测试实时报警结果

2) 历史报警设置

如果想将报警信息保存下来方便以后查询，应当使用历史报警。按照相同方法，新建一个历史报警画面，画面名称为"历史报警"。绘制报警窗口，配置为"历史报警"。双击"报警窗口"，打开"报警窗口设置属性页"，给报警窗口命名为"历史报警"，报警窗口选择"历史报警窗"，其他属性选择默认状态，如图 3-1-22 所示。

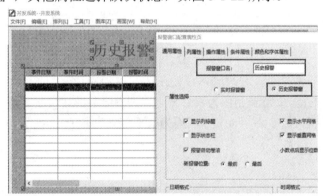

图 3-1-22　设置"历史报警"窗口

运行结果如图 3-1-23 所示。历史报警将记录所有发生的报警事件，如果数据恢复正常，历史报警也会记录下来。

图 3-1-23　运行结果

3) 弹出报警画面的制作

在"画面属性"页面将"实时报警"报警画面类型设置为"弹出式"，如图 3-1-24 所示。

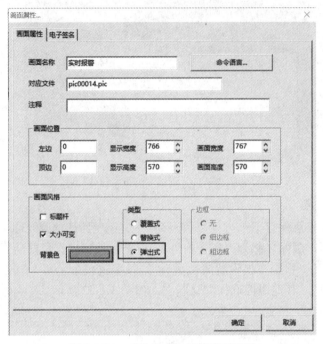

图 3-1-24　"弹出式"报警画面设置

在"事件命令语言"里，编写脚本，如图 3-1-25 所示。

当新报警发生时(新报警==1)作为事件描述。脚本语言的含义是，当报警发生时显示报警画面，然后要将新报警事件手动置 0，因为其不能自动置 0。

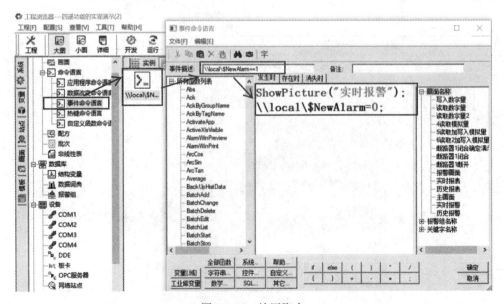

图 3-1-25　编写脚本

运行结果：在监控画面上，有数据超限，弹出报警窗口，如图 3-1-26 所示。

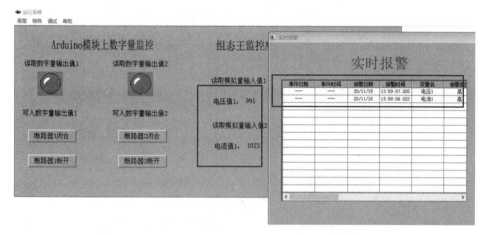

图 3-1-26　运行结果

开关量也可以设置报警提示，其运行结果如图 3-1-27 所示。

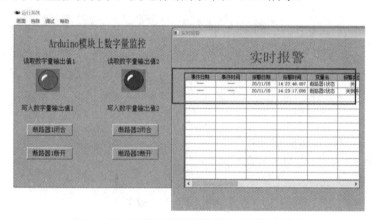

图 3-1-27　开关量设置报警提示及其运行结果

2. 优先级和安全区的设置

1) 创建"首页"画面

(1) 创建一个新画面，画面名称为"首页"，如图 3-1-28 所示。

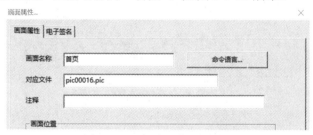

图 3-1-28　创建"首页"画面

(2) 在画面中添加图片：将外部文件夹中的图片添加到画面中，"工具箱"→"点位图"，在画面中拖出一个矩形，在矩形里右击鼠标，点击"从文件中加载"，找到需要的图片，添加进去即可。效果如图 3-1-29 所示。

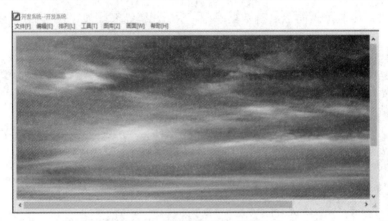

图 3-1-29　在画面中添加图片效果

(3) 添加按钮：添加"登录系统"和"退出系统"两个按钮。选中"按钮"，右击鼠标，在"按钮风格"里选中"透明"，效果如图 3-1-30 所示。

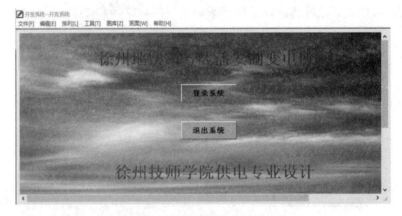

图 3-1-30　添加按钮效果

(4) 添加"用户"：退出到工程浏览器界面，点击工具栏里的"用户"按钮，弹出"安全管理系统"窗口。建立一个"潘安湖变电所"用户组，组里添加两个用户：一个是"操作员"，优先级是"200"，密码是"222222"；一个是"工程师"，优先级是"400"，密码是"444444"。

"操作员"设置如图 3-1-31 所示。

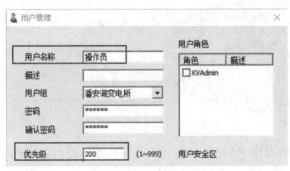

图 3-1-31　"操作员"设置

"工程师"设置如图 3-1-32 所示。

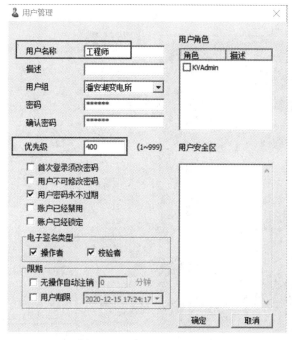

图 3-1-32 "工程师"设置

设置结果如图 3-1-33 所示。

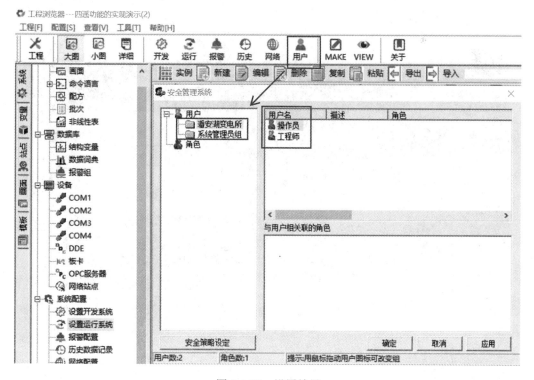

图 3-1-33 设置结果

(5) 设置"登录系统"按钮，如图 3-1-34 所示。

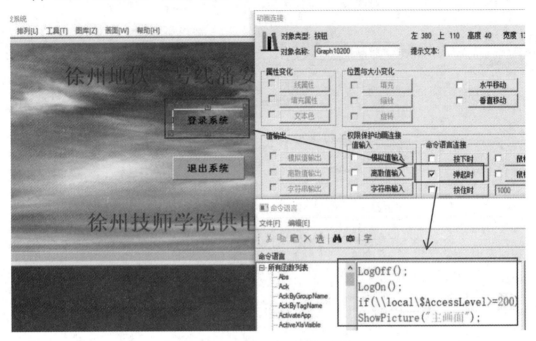

图 3-1-34　设置"登录系统"按钮

(6) 点击"登录系统"按钮，输入正确的用户名和密码，可以登录到"主画面"。运行结果如图 3-1-35 所示。

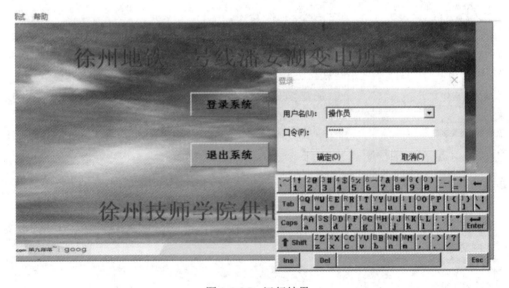

图 3-1-35　运行结果

2) 给设备设置操作权限

(1) 按钮"断路器 2 闭合"的权限设置，如图 3-1-36 所示。

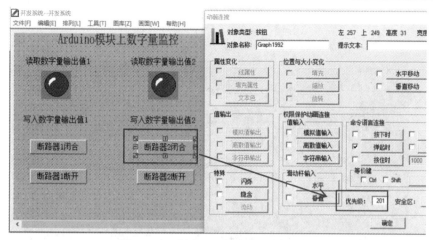

图 3-1-36　断路器 2 闭合"的权限设置

(2) 按钮"断路器 2 断开"的权限设置，如图 3-1-37 所示。

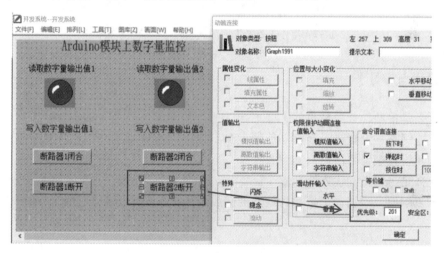

图 3-1-37　"断路器 2 断开"的权限设置

用"操作员"用户登录，不能对断路器 2 进行操作。如图 3-1-38 所示。

图 3-1-38　用"操作员"用户登录时不能操作断路器 2

用"工程师"用户登录，可以操作断路器 2，如图 3-1-39 所示。

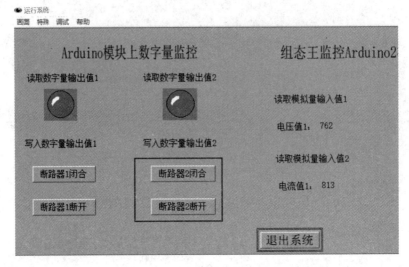

图 3-1-39　用"工程师"用户登录时可以操作断路器 2

【思考与练习】

1. 什么是报警，什么是事件？
2. 叙述组态王设置实时报警功能的主要步骤。
3. 如何设置报警弹出窗口？
4. 什么是组态王的优先级和安全区？
5. 在主画面上添加一个按钮，使其能够显示历史报警窗口。

任务 3-2　设置报表与曲线

【行业背景】

1. 苏州地铁 1 号线变电所内遥测的对象

遥测对象主要包括：有功功率、无功功率、功率因素、电流、电压、周波值、温度、轨电位及其他测量值。可设定每个模拟量的死区值范围，仅把变化超过死区值的数据发送给当地监控系统，每个模拟量的死区值范围可在操作员工作站通过人机界面设定，扫描周期不超过 3 秒。遥测画面如图 3-2-1 所示。

35kV侧 遥测信息一览表　　　返回

出线一单元遥测			出线二单元遥测			出线三单元遥测			#1所变单元遥测			#1电抗器遥测			母联单元遥测		
A相电流	0.0	A	A相电流	5.0	A	A相电流	0.0	A	A相电流	1.0	A	A相电流	0.0	A	A相电流	0.0	A
B相电流	0.0	A	B相电流	0.0	A	B相电流	5.0	A	B相电流	1.0	A	B相电流	0.0	A	B相电流	0.0	A
C相电流	0.0	A	C相电流	3.0	A	C相电流	0.0	A	C相电流	1.0	A	C相电流	0.0	A	C相电流	0.0	A
电压Uab	0.0	kV	电压Uab	0.0	kV	电压Uab	0.0	kV	电压Uab	0.0	kV	电压Uab	0.0	kV			
电压Ubc	0.0	kV	电压Ubc	0.0	kV	电压Ubc	0.0	kV	电压Ubc	0.0	kV	电压Ubc	0.0	kV			
电压Uca	0.0	kV	电压Uca	0.0	kV	电压Uca	0.0	kV	电压Uca	0.0	kV	电压Uca	0.0	kV			
有功功率	0.0	kW	有功功率	0.0	kW	有功功率	0.0	kW	有功功率	0.0	kW	有功功率	0.0	kW			
无功功率	0.0	kVar	无功功率	0.0	kVar	无功功率	0.0	kVar	无功功率	0.0	kVar	无功功率	0.0	kVar			

出线四单元遥测			出线五单元遥测			出线六单元遥测			#2所变单元遥测			#2电抗器遥测			备用		
A相电流	3.0	A	A相电流	4.0	A	A相电流	0.0	A	A相电流	0.0	A	A相电流	0.0	A	A相电流	-333.3	A
B相电流	3.0	A	B相电流	9.0	A	B相电流	0.0	A	B相电流	2.0	A	B相电流	0.0	A	B相电流	-333.3	A
C相电流	0.0	A	C相电流	0.0	A	C相电流	0.0	A	C相电流	0.0	A	C相电流	0.0	A	C相电流	-333.3	A
电压Uab	0.0	kV	电压Uab	0.0	kV	电压Uab	0.0	kV	电压Uab	0.0	kV	电压Uab	0.0	kV	电压Uab	-333.3	kV
电压Ubc	0.0	kV	电压Ubc	0.0	kV	电压Ubc	0.0	kV	电压Ubc	0.0	kV	电压Ubc	0.0	kV	电压Ubc	-333.3	kV
电压Uca	0.0	kV	电压Uca	0.0	kV	电压Uca	0.0	kV	电压Uca	0.0	kV	电压Uca	0.0	kV	电压Uca	-333.3	kV
有功功率	0.0	kW	有功功率	0.0	kW	有功功率	0.0	kW	有功功率	0.0	kW	有功功率	0.0	kW	有功功率	-333.3	kW
无功功率	0.0	kVar	无功功率	0.0	kVar	无功功率	0.0	kVar	无功功率	0.0	kVar	无功功率	0.0	kVar	无功功率	-333.3	kVar

图 3-2-1　遥测画面

2. 城市轨道交通 ISCS 系统的趋势图

徐州地铁 1 号线综合监控系统选用由南瑞自主开发的 RT21-ISCS 软件系统。

PSCADA 子系统中的遥测量(电压、电流、功率等)按定义的保存周期(至少每分钟)保存在历史数据库中，曲线浏览程序根据每个模拟量保存的数据点，按要求通过曲线方式显示出来。

系统可以显示实时或者历史模拟量的趋势曲线(包括平均值、最大值、最小值等)。当进行实时趋势曲线显示时，曲线按照一定周期自动刷新。

趋势画面支持漫游特性和弹性框缩放特性。操作员可选择趋势画面窗口中任意一条曲线，完成放大、缩小、上移、下移等操作，坐标刻度值随之改变。

每一趋势画面能够在任何一台系统打印机上打印。对每一条趋势曲线能显示是否已越告警限，操作员能够要求显示告警信息。

实时趋势的时间轴坐标是动态变化的，运行过程中连续跟踪系统当前时间。RT21-ISCS

允许操作员定义 20 幅趋势帧画面，允许多窗口同时显示多个实时趋势记录图。每一个实时趋势图至少显示 8 条趋势曲线，每一个趋势图都可以使用不同的颜色进行显示或打印。趋势图记录时间间隔与模拟量采样周期相等，范围从 5 s 到 1 h，可由用户在线修改。实时趋势曲线按"先进先出"原则，允许最少 30 个数值进行画图。徐州地铁 1 号线路窝站 1#整流变 A 相电流历史曲线如图 3-2-2 所示。

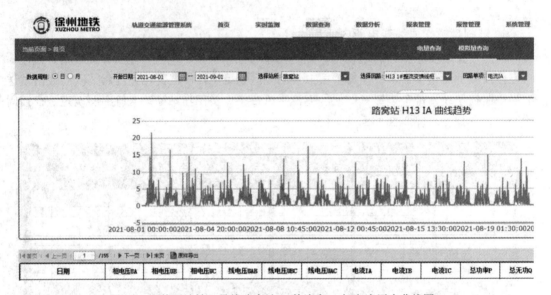

图 3-2-2　徐州地铁 1 号线路窝站 1#整流变 A 相电流历史曲线图

【相关知识】

1. 数据报表

数据报表反应现场设备运行过程中的数据、状态等，是对数据进行记录的一种重要形式，也是对设备进行监控时必不可少的一个部分。它既能反映设备实时的运行情况，也能对长期的设备运行过程进行统计、分析，使管理人员能够实时掌握和分析设备运行情况。

组态王提供内嵌式报表系统，工程人员可以任意设置报表格式，对报表进行组态。组态王为工程人员提供了丰富的报表函数，能够实现各种运算、数据转换、统计分析、报表打印等。既可以制作实时报表，也可以制作历史报表。组态王还支持运行状态下单元格的输入操作，在运行状态下通过鼠标拖动可以改变行高、列宽。工程人员还可以制作各种报表模板，实现一次制作多次使用，减少重复工作。

组态王报表提供向导工具，该工具可以以组态王的历史库或 KingHistorian 为数据源，快速建立所需的班报表、日报表、周报表、月报表、季报表和年报表。此外，还可以实现数据值的行列统计功能。

组态王的实时数据和历史数据除了在画面中以值输出的方式和以报表形式显示外，还可以用曲线的形式显示。组态王的曲线有趋势曲线、温控曲线和超级 X-Y 曲线。

2. 趋势曲线

趋势分析是监控软件必不可少的功能，组态王对该功能提供了强有力的支持和简单的控制方法。趋势曲线分为实时趋势曲线和历史趋势曲线。曲线外形类似于坐标纸，X 轴代表时间，Y 轴代表变量值。实时趋势曲线最多可显示四条曲线，历史趋势曲线最多可显示十六条曲线，一个画面中可定义数量不限的趋势曲线(实时趋势曲线或历史趋势曲线)。在趋势曲线中工程人员可以规定时间间距、数据的数值范围、网格分辨率、时间坐标数目、数值坐标数目以及绘制曲线的"笔"的颜色属性。画面程序运行时，实时趋势曲线可以自动卷动，以快速反应变量随时间的变化。历史趋势曲线不能自动卷动，它一般与功能按钮一起工作，共同完成历史数据的查看工作。这些按钮可以完成翻页、设定时间参数、启动/停止记录、打印曲线图等复杂功能。

温控曲线反映出实际测量值按设定曲线变化的情况。在温控曲线中，纵轴代表温度值，横轴对应时间的变化，同时将每一个温度采样点显示在曲线中。主要适用于温度控制、流量控制等。

超级 X-Y 曲线主要是用曲线来显示两个变量之间的运行关系，例如电流-转速曲线，它支持多 Y 轴曲线。

【任务实施】

1. 实时趋势曲线的制作

1) 新建一个实时曲线画面

新建一个实时趋势曲线画面，在"工具箱"里找到"实时趋势曲线"工具，用鼠标在实时曲线画面上拖拽出一个实时趋势曲线，如图 3-2-3 所示。

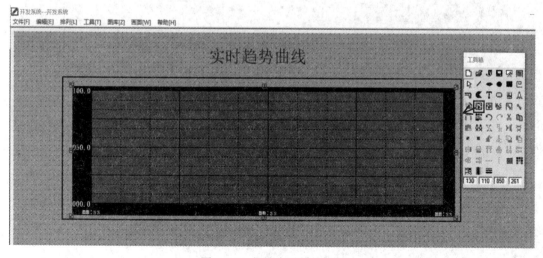

图 3-2-3 新建实时趋势曲线

双击"实时趋势曲线画面"，弹出"实时趋势曲线"窗口，在"曲线定义"页面设置曲线属性、变量和线型，如图 3-2-4 所示。

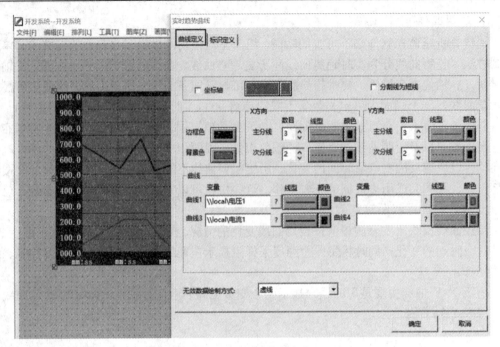

图 3-2-4　设置曲线定义

在"标识定义"页面设置标识定义、标识数目、数值格式，如图 3-2-5 所示。

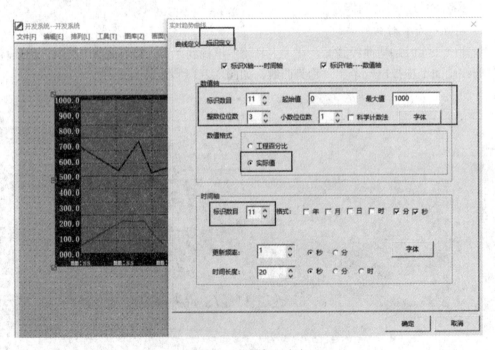

图 3-2-5　设置标识定义

2) 设置"电压 1"和"电流 1"显示

如图 3-2-6 所示，在曲线下方添加"电压 1"和"电流 1"的数值显示，方便观察比较。

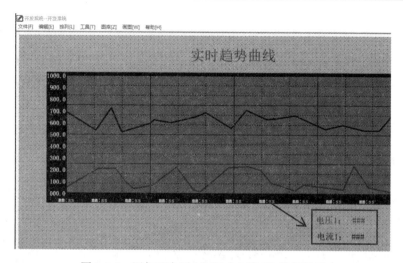

图 3-2-6　添加"电压 1"和"电流 1"数值显示

3) 将"实时趋势曲线"画面设置成主画面

如图 3-2-7 所示,将"实时趋势曲线"画面设置成主画面,以方便测试。

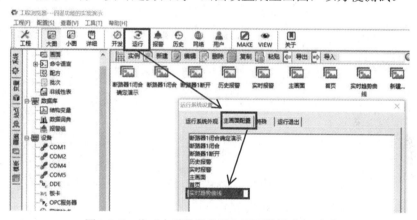

图 3-2-7　将"实时数据曲线"画面设置成主画面

4) 观察运行结果

调节模拟电压、电流值,曲线随之改变,可以观察到运行结果如图 3-2-8 所示。

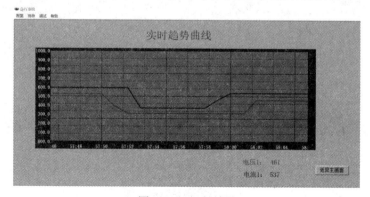

图 3-2-8　运行结果

2. 历史趋势曲线的制作

1) 新建一个历史趋势曲线画面

在"工具箱"里找到"插入通用控件",然后在弹出的窗口中"组态王控件"页面选择"kVTrend ActiveX Control",如图 3-2-9 所示。

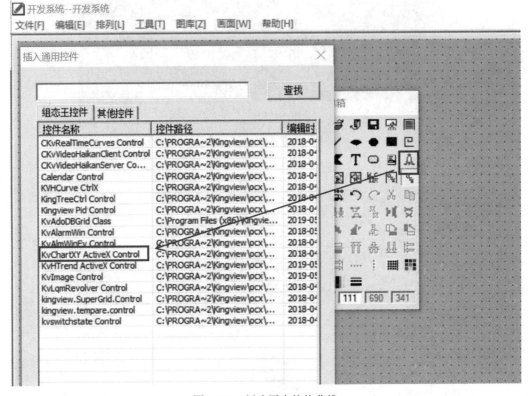

图 3-2-9　新建历史趋势曲线

在画面上拖出历史趋势曲线画面如图 3-2-10 所示。

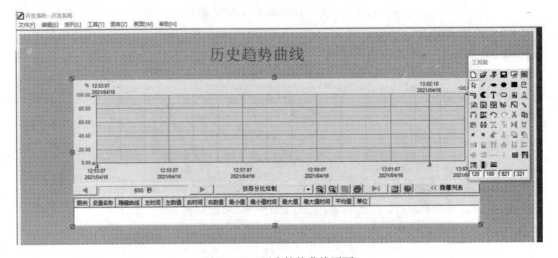

图 3-2-10　历史趋势曲线画面

2) 显示控件属性窗口

在曲线画面上单击鼠标右键，选择"控件属性"，显示"控件属性"窗口如图 3-2-11 所示。

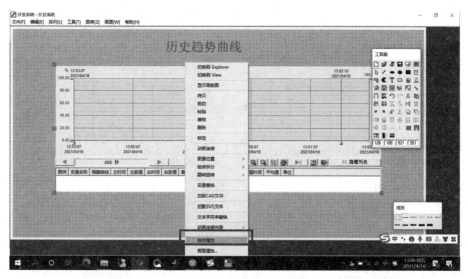

图 3-2-11　显示控件属性窗口

3) 定义"电压 1"变量

在"曲线"页面，点击"历史库中添加…"按钮，添加"电压 1"和"电流 1"变量，定义"电压 1"的"线类型"和"线颜色"，如图 3-2-12 所示。

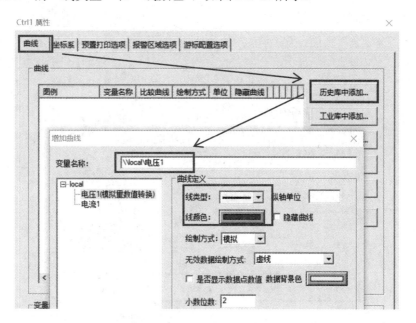

图 3-2-12　定义"电压 1"变量

4) 定义"电流 1"变量

定义"线类型"和"线颜色"，如图 3-2-13 所示。

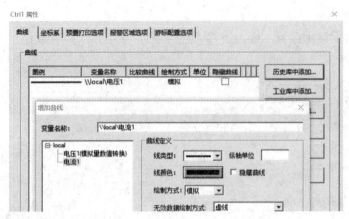

图 3-2-13　定义"电流 1"变量

曲线添加结果如图 3-2-14 所示。

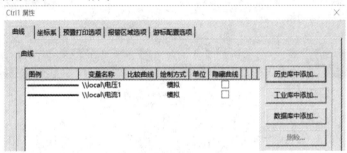

图 3-2-14　曲线添加结果

5) 设置"坐标系"

切换至"坐标系"页面，"坐标系"的数值(Y)轴设置如图 3-2-15 所示。

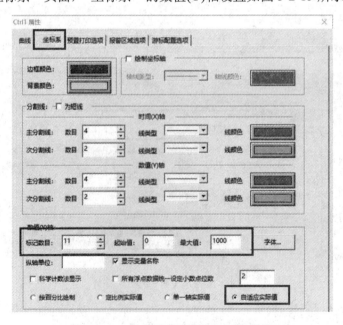

图 3-2-15　"坐标系"的数值(Y)轴设置

点击"前进"按钮，显示曲线。运行结果如图 3-2-16 所示。

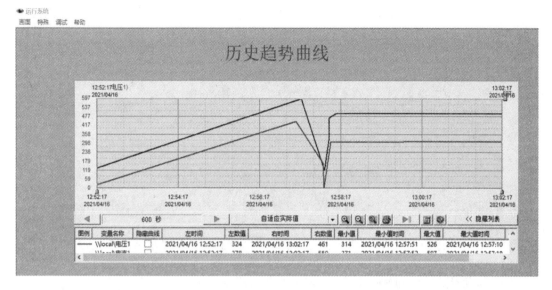

图 3-2-16　运行结果

6) 历史趋势曲线的自动显示方法

历史趋势曲线的自动显示方法设置如图 3-2-17 所示。

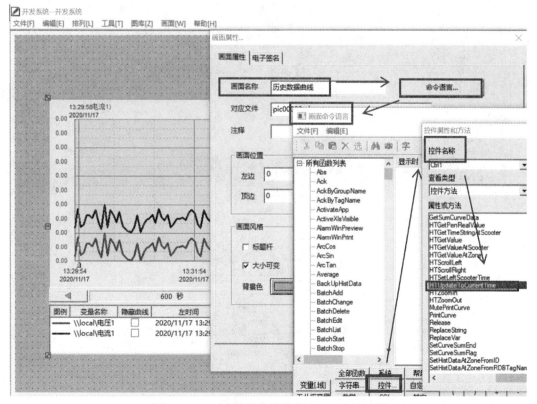

图 3-2-17　历史趋势曲线的自动显示方法设置

7) 运行测试结果

设置完成后曲线可以自动显示，如图 3-2-18 所示。

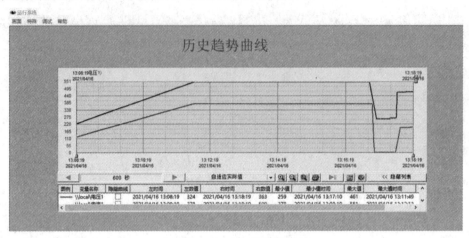

图 3-2-18　运行测试结果

3. 实时数据报表的制作

1) 新建一个实时数据报表画面

在"工具箱"里找到"报表窗口"控件，在画面上拖拽出报表，如图 3-2-19 所示。

图 3-2-19　新建的实时数据报表画面

双击报表下方的空白处，弹出"报表设计"窗口，查看报表控件名为"Report0"，如图 3-2-20 所示。

图 3-2-20　"报表设计"窗口

将报表第一行的 A-E 栏合并为一栏,填写报表名"实时数据报表",再添加其他静态文字,如图 3-2-21 所示。

图 3-2-21 添加静态文字

添加动态变量如图 3-2-22 所示。注意配置变量前面要加"="。

图 3-2-22 添加动态变量

动态变量设置完成,如图 3-2-23 所示。

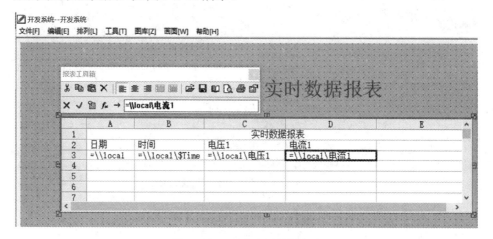

图 3-2-23 动态变量设置完成

2) 运行结果

运行结果如图 3-2-24 所示。

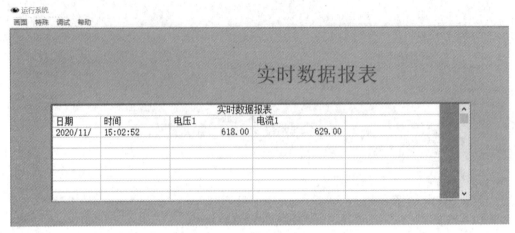

图 3-2-24 运行结果

4. 历史数据报表的制作

1) 新建一个历史数据报表画面

如图 3-2-25 所示，在"工具箱"里找到"报表窗口"，在画面上拖出报表。双击报表下面空白处，弹出"报表设计窗口"，可以看到报表控件名为"Report3"。设计报表表格尺寸，它的制作与实时数据报表一样，但是报表里不需要添加任何文字。

图 3-2-25 新建的历史数据报表画面

2) 添加"数据查询"按钮并设置

添加"数据查询"按钮，实时数据报表制作时是从第三行，第一列开始记录数据的，所以函数中的变量值是（3,1），如图 3-2-26 所示。

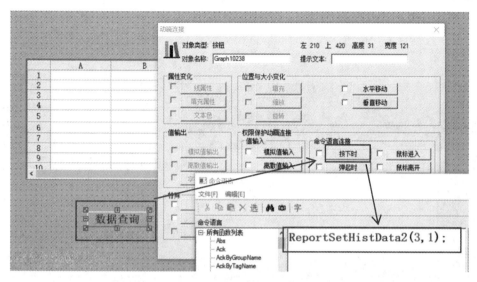

图 3-2-26　添加"数据查询"按钮并设置

3) 设置变量的"记录和安全区"

变量"电压 1"的"记录和安全区"设置如图 3-2-27 所示。

图 3-2-27　变量"电压 1"的"记录和安全区"设置

变量"电流 1"的"记录和安全区"设置如图 3-2-28 所示。设置完成，保存设置。

图 3-2-28　变量"电流 1"的"记录和安全区"设置

4) 运行"历史数据报表画面"

点击"数据查询"按钮,在"时间属性"里设置查询时间,如图 3-2-29 所示。

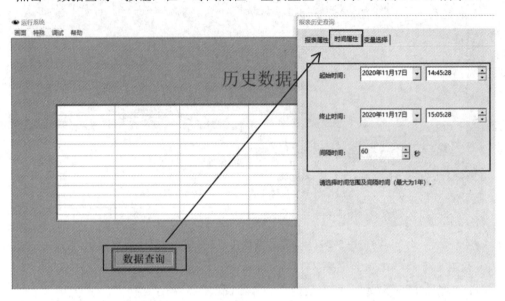

图 3-2-29 　"数据查询"按钮"时间属性"的设置

在"变量选择"项里,点击"历史库变量",弹出"变量属性"窗口,选择要显示的变量。如图 3-2-30 所示。

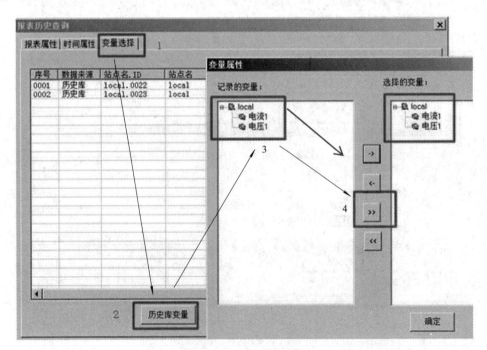

图 3-2-30 　"数据查询"按钮"变量选择"的设置

查询结果,如图 3-2-31 所示。

图 3-2-31　显示查询结果

【思考与练习】

1. 叙述实时报表的制作步骤。
2. 如何查询历史报表？
3. 如何实现报表打印与报表保存？
4. 如何制作实时趋势曲线？
5. 如何实现历史趋势曲线的自动显示？

任务 3-3　制作变电所主画面

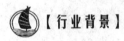【行业背景】

1. 苏州地铁 1 号线苏州乐园主变电所电气主接线图

图 3-3-1 为苏州地铁 1 号线苏州乐园主变电所电气主接线画面，PSCADA 系统可以在监控计算机上方便地对现场设备进行实时采集数据的查询。

在主接线图中，可以直观地显示系统设备的工作状态(如开关的分合状态)和设备的工作运行参数，如母线的电压和电流等，主接线图中将显示重要数据的情况。同时可对设备状态、模拟量值、阈值、设定值等进行实时监视，并在系统界面上通过图标、符号、颜色、闪烁、形状、数值的变化等显示特性来表现设备的实时数据状态。

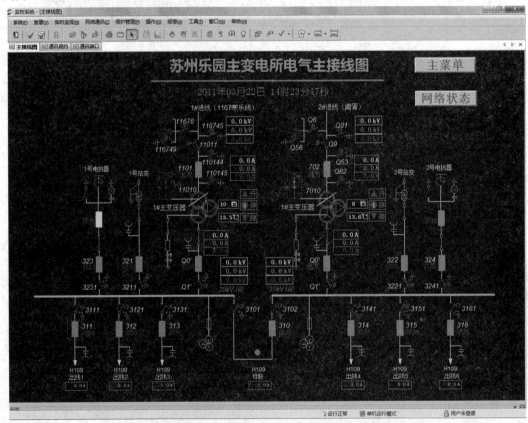

图 3-3-1　苏州地铁 1 号线苏州乐园主变电所电气主接线画面

2. 徐州地铁 1 号线韩山站主接线图

徐州轨道交通 1 号线车站级监控系统采用南瑞继保 PCS-9700 变电所综合自动化系统，变电所的 PSCADA 系统为 PCS-9700 厂站监控系统。当地后台计算机的图形显示系统由三个部分组成：(1) 设备图元编辑、画面编辑部分；(2) 图形显示操作部分；(3) 控制台部分。

它们功能明确，相辅相成，共同构成图形系统的体系结构。

如图 3-3-2 所示，使用 PCS-9700 厂站监控系统的设备图元编辑、画面编辑功能，可以画出韩山站一次主接线画面，并能制作出显示设备运行时的实时数据。

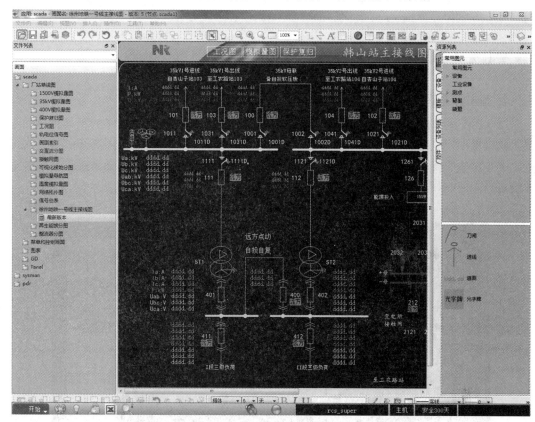

图 3-3-2　徐州地铁 1 号线韩山站一次主接线画面编辑图

【相关知识】

工程技术人员在组态王开发系统中制作的画面都是静态的，那么它们如何才能反映工业现场的实时状况呢？这就需要通过实时数据库，因为只有数据库中的变量才是与现场状况同步变化的。数据库变量的变化又如何导致画面的动画效果呢？可以通过"动画连接"，所谓"动画连接"就是建立画面的图素与数据库变量的对应关系。这样，工业现场的数据，比如温度、液面高度等，当它们发生变化时，通过 I/O 接口，将引起实时数据库中变量的变化。如果设计者曾经定义了一个画面图素，比如指针，与这个变量相关，我们将会看到指针在同步偏转。

动画连接的引入是设计人机接口的一次突破，它把工程人员从重复的图形编程中解放出来，为工程人员提供了标准的工业控制图形界面，并且由可编程的命令语言连接来增强图形界面的功能。图形对象与变量之间有丰富的连接类型，给工程人员设计图形界面提供了极大的方便。

"组态王"系统还为部分动画连接的图形对象设置了访问权限，这对于保障系统的安全具有重要的意义。

图形对象可以按动画连接的要求改变颜色、尺寸、位置、填充百分数等，一个图形对象又可以同时定义多个连接。把这些动画连接组合起来，应用程序将呈现出丰富的图形动画效果。

【任务实施】

1. 画出静态画面

图 3-3 是变电所一次线路图的静态画面，静态画面可以用组态王提供的工具箱里的绘图工具直接画出，从线路图中可以看到，有变压器，整流器、断路器和隔离开关等一次设备。这些设备的实时工作状态是可以在画面上显示出来的，下面通过动画连接来看这些动画场景是如何制作出来的。

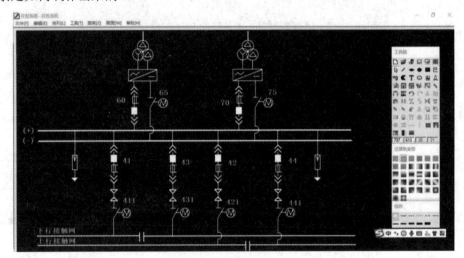

图 3-3-3　变电所一次线路图静态画面

2. 设置断路器动态画面

首先创建一个新画面，画面名为"测试"，背景色为"浅灰色"。以下内容的器件的动画连接都是在该画面上进行，这里以示例的方法说明动画连接的制作过程，希望大家能够对监控系统的动画画面有更好的理解。

1) 第一种方法：用按钮控制断路器

画出如图 3-3-4 所示图形，作为断路器。

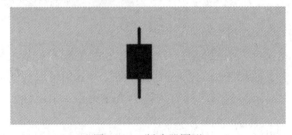

图 3-3-4　断路器图形

选中图形，右击鼠标，选择"组合拆分"→"合成组合图素"，这样图形就可以进行动画连接。再制作两个控制断路器的按钮"闭合"和"打开"，如图 3-3-5 所示。

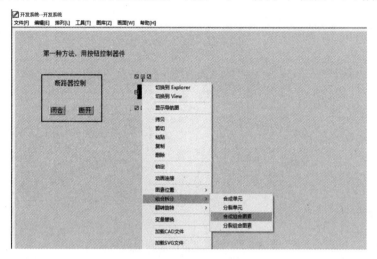

图 3-3-5　合成组合图素

复制这个蓝色"组合图素"，将颜色选为红色，制作两个断路器图，如图 3-3-6 所示。

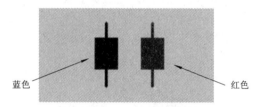

图 3-3-6　制作两个断路器

创建一个变量"测试"，变量属性为"内存离散"。设置蓝色断路器动画连接，如图 3-3-7 所示。

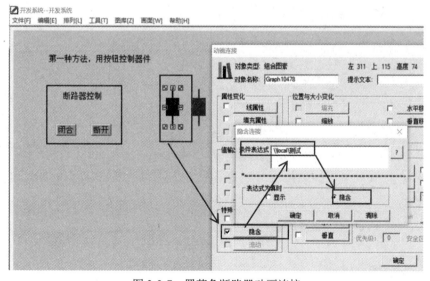

图 3-3-7　置蓝色断路器动画连接

设置红色断路器动画连接，如图 3-3-8 所示。

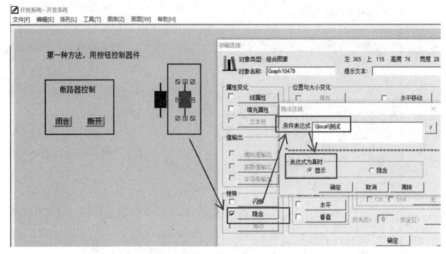

图 3-3-8　设置红色断路器动画连接

使用如图 3-3-9 所示工具图标，将两个断路器图形左对齐，使之重合。

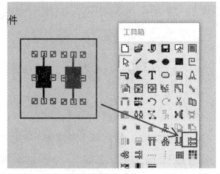

图 3-3-9　将两个断路器图形左对齐使之重合

设置按钮"闭合"动画连接，如图 3-3-10 所示。

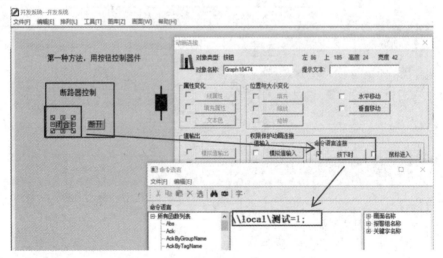

图 3-3-10　设置按钮"闭合"动画连接

设置按钮"断开"动画连接，如图 3-3-11 所示。

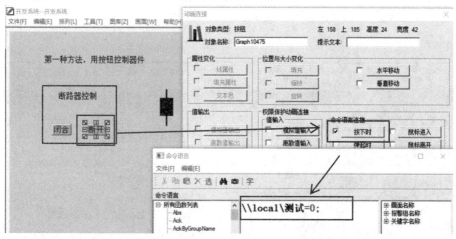

图 3-3-11　设置按钮"断开"动画连接

保存配置好的画面如图 3-3-12 所示。

图 3-3-12　保存配置好的画面

测试运行结果如图 3-3-13 所示。按下"闭合"按钮，断路器变红色，按下"断开"按钮，断路器变蓝色。

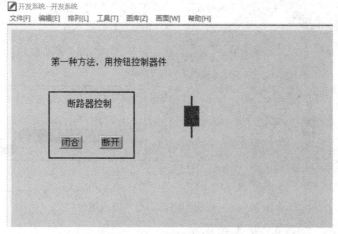

图 3-3-13　测试运行结果

2) 第二种方法：直接控制断路器

设置断路器图形"线属性"，步骤如图 3-3-14 所示。

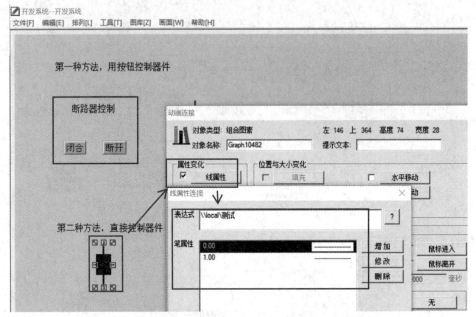

图 3-3-14　设置断路器图形"线属性"

设置断路器图形"填充属性"，步骤如图 3-3-15 所示。

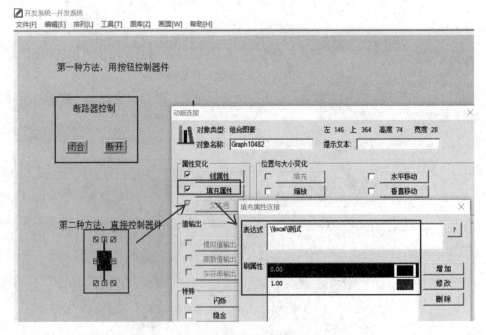

图 3-3-15　设置断路器图形"填充属性"

编写命令语言，步骤如图 3-3-16 所示。

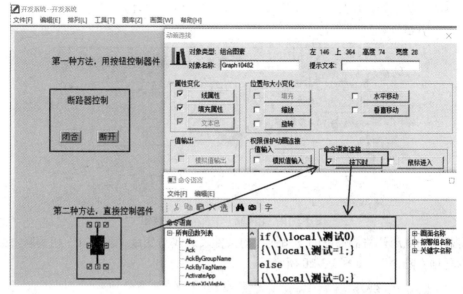

图 3-3-16　编写命令语言

运行测试：鼠标点击器件，器件状态就会发生改变，颜色也随之改变，如图 3-3-17 所示。

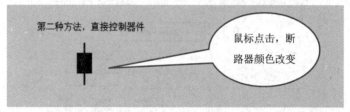

图 3-3-17　运行测试

3. 隔离开关器件的动画连接

1) 第一种方法：用按钮控制隔离开关

创建一个变量"测试 1"，变量属性为"内存离散"。在变电所静态画面里复制一个"隔离开关"器件图，将此图用"合成组合图素"组合。然后将此器件图复制成两个，一个颜色做成蓝色，一个颜色做成红色，如图 3-3-18 所示。

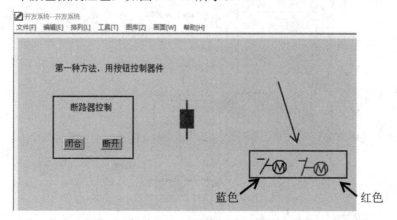

图 3-3-18　复制"隔离开关"器件图

给隔离开关配置控制按钮"闭合"和"断开",如图 3-3-19 所示。

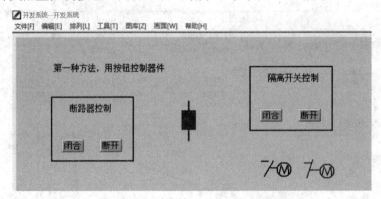

图 3-3-19　给隔离开关配置控制按钮

将蓝色的隔离开关器件图的动画连接的条件表达式与变量"测试 1"相关联,配置表达式为真时"隐含",如图 3-3-20 所示。

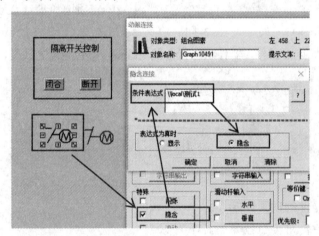

图 3-3-20　蓝色的隔离开关器件图的动画连接

将红色的隔离开关器件图配置为表达式为真时"显示",如图 3-3-21 所示。

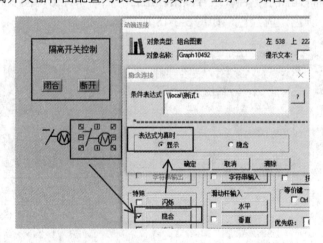

图 3-3-21　红色的隔离开关器件图的动画连接

将隔离开关器件控制按钮"闭合"与变量"测试1"关联，如图3-3-22所示。

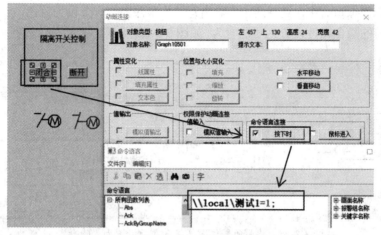

图 3-3-22　"闭合"按钮与变量"测试1"关联

将隔离开关器件控制按钮"断开"与变量"测试1"关联，如图3-3-23所示。

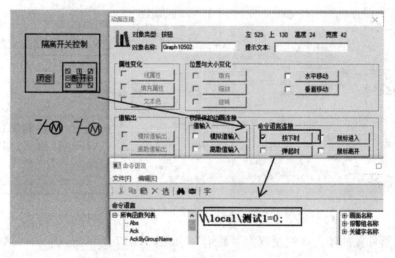

图 3-3-23　"断开"按钮与变量"测试1"关联

将蓝、红器件图重合在一起，保存画面，点击"运行"，可以看到按下"闭合"按钮，隔离开关器件图变为红色，按下"断开"按钮，隔离开关器件图变为蓝色。观察运行结果，如图3-3-24所示。

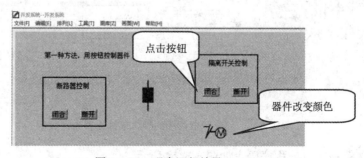

图 3-3-24　观察运行结果

2) 第二种方法：直接控制隔离开关

在变电所静态画面中，复制两个"隔离开关"器件图，一个设为蓝色，一个设为红色。将蓝色器件图的隐含属性设置为"隐含"，如图 3-3-25 所示。

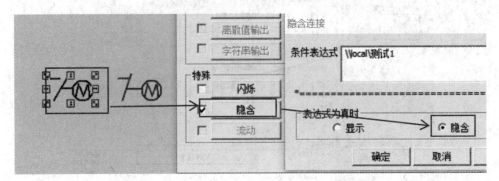

图 3-3-25　将蓝色器件图的隐含属性设置为"隐含"

设置按钮按下时的程序语言如图 3-3-26 所示。

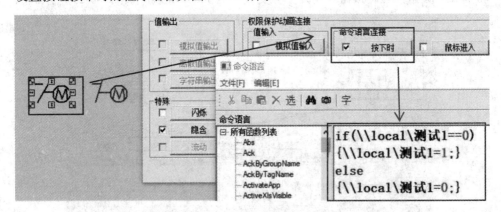

图 3-3-26　设置按钮按下时的程序语言

将红色器件图的隐含属性设置为"显示"，如图 3-3-27 所示。

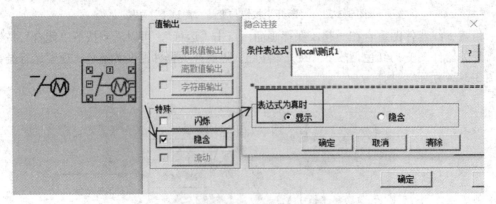

图 3-3-27　将红色器件图的隐含属性设置为"显示"

设置按钮按下时的程序语言如图 3-3-28 所示。

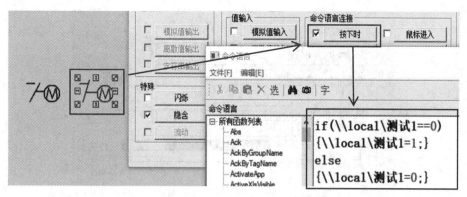

图 3-3-28 设置按钮按下时的程序语言

将蓝红器件图重合在一起，保存画面，点击"运行"，可以看到直接用鼠标点击隔离开关器件图，隔离开关器件图变为红色，再次点击隔离开关器件图，隔离开关器件图变为蓝色。测试运行效果如图 3-3-29 所示。

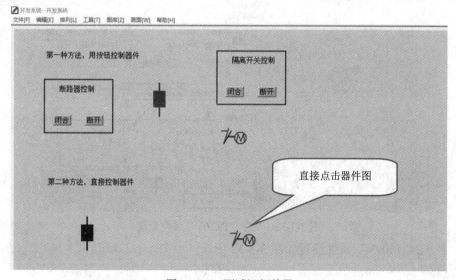

图 3-3-29 测试运行效果

4. 开关与线路的关联

画出静态线路图如图 3-3-30 所示。创建变量"DC1500"，变量属性为"内存离散"。

图 3-3-30 开关与线路的关联

两根电源线的线属性设置如图 3-3-31 所示。

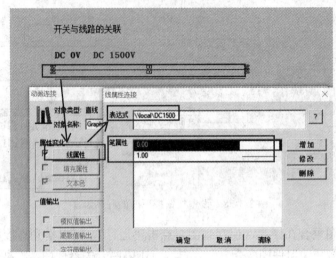

图 3-3-31　两根电源线的线属性设置

文字"DC 0V"属性设置如图 3-3-32 所示。

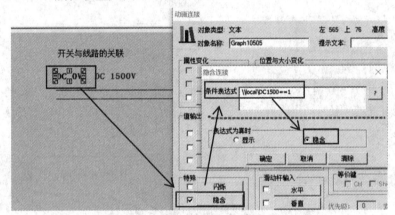

图 3-3-32　文字"DC 0V"属性设置

文字"DC 1500V"属性设置如图 3-3-33 所示。

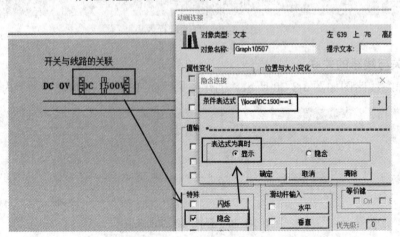

图 3-3-33　文字"DC 1500V"属性设置

将两个文字重合在一起，如图 3-3-34 所示。

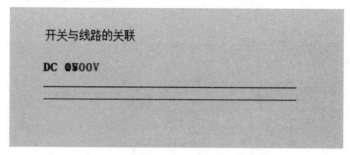

图 3-3-34   将两个文字重合在一起

编写画面命令语言，具体步骤如图 3-3-35 所示。

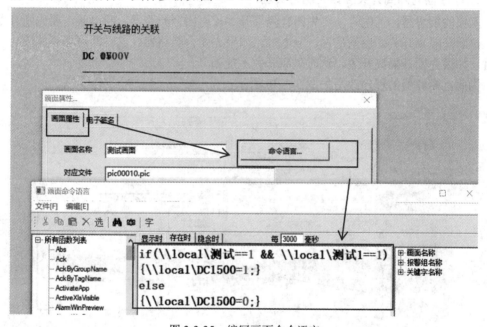

图 3-3-35   编写画面命令语言

保存画面，点击"运行"，可以看到当断路器与隔离开关都闭合时，线路变成红色，表明线路带电，测试运行效果如图 3-3-36 所示。

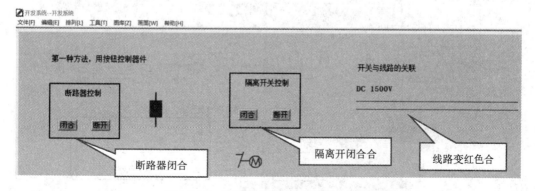

图 3-3-36   当器件都闭合时测试运行效果

假如断路器与隔离开关有一个断开,线路变成白色,表明线路不构成回路,如图 3-3-37 所示。

图 3-3-37 当器件有断开时测试运行效果

5. 断路器与隔离开关互锁控制的实现

互锁的要求是:上电时,要先闭合隔离开关,再闭合断路器;断电时,要先断开断路器,再断开隔离开关。也就是说,上电时,如果先闭合断路器,这时断路器不能闭合;断电时,如果先断开隔离开关,这时隔离开关不能断开。

为此,断路器的程序改写如图 3-3-38 所示。

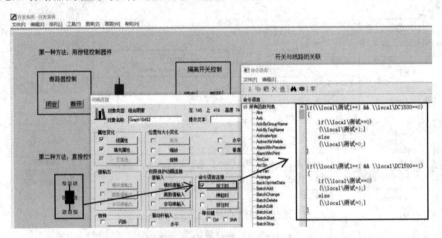

图 3-3-38 断路器的程序改写

隔离开关的程序改写如图 3-3-39 所示。

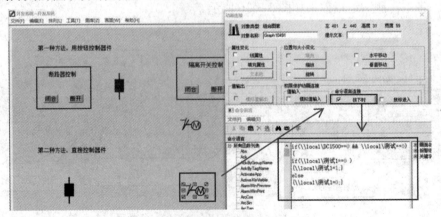

图 3-3-39 隔离开关的程序改写

测试运行结果：上电时，如果隔离开关断开，先闭合断路器，此时断路器不能闭合，如图 3-3-40 所示。

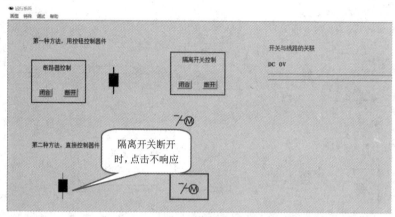

图 3-3-40　上电隔离开关断开时断路器不能闭合

先闭合隔离开关，断路器就可以闭合，如图 3-3-41 所示。

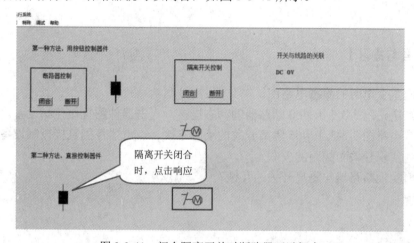

图 3-3-41　闭合隔离开关时断路器可以闭合

断电时，如果断路器闭合，先断开隔离开关，此时隔离开关不能断开，如图 3-3-42 所示。

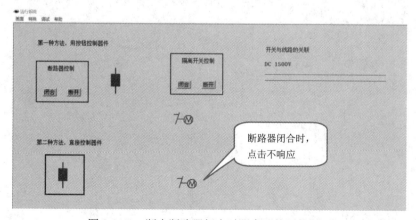

图 3-3-42　断电断路器闭合时隔离开关不能断开

先断开断路器，隔离开关才能断开，如图 3-3-43 所示。

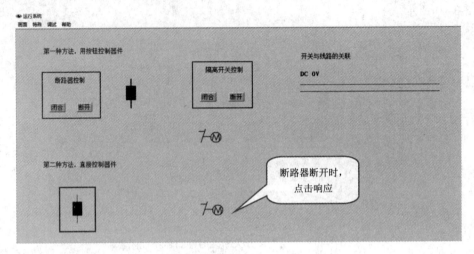

图 3-3-43　断开断路器时隔离开关才能断开

【思考与练习】

1. 画出主变电所的静态电路图。
2. 设置电路图 3-3-3 上 #60 断路器的动态连接，点击器件图直接控制设备。
3. 设置电路图 3-3-3 上 #65 隔离开关的动态连接，点击器件图直接控制设备。
4. 如何实现开关与线路的关联？
5. 如何实现断路器与隔离开关的互锁？

任务 3-4　实现网络连接

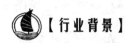【行业背景】

城市轨道交通电力监控系统主要网络结构有 PSCADA 系统网络结构和 ISCS 系统网络结构，具体介绍如下。

1. PSCADA 系统网络结构

PSCADA 电力监控系统将各种先进信息技术集于一体，实现对变电系统设备(如交流进线回路、联络回路、馈线回路、变压器、整流回路、直流进线回路、直流馈线回路等)的运行情况执行监视、测量、控制和协调，通过系统内各设备间相互交换信息和数据共享，完成变电所的远程监视和控制任务，并对故障进行分析和诊断以及对系统进行修复与维护。

变电所按其功能可分为牵引降压变电所和降压变电所两种。其中我们将牵引降压变电所里的设备拆分进两个 PSCADA 子系统中，一个 PSCADA 系统为牵引降压变电所中全部交流设备，另一个 PSCADA 系统为牵引降压变电所中全部直流设备。PSCADA 系统处于整个系统中的第二层。整体系统网络拓扑图如图 3-4-1 所示。

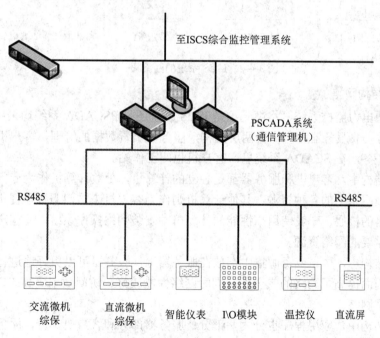

图 3-4-1　PSCADA 系统网络拓扑图

2. ISCS 系统网络结构

ISCS 综合监控管理系统接入牵引降压变电所 1、牵引降压变电所 2 和降压变电所，并预留了与其他系统的接口，如 BAS 环境与设备监控系统等。

ISCS 配置实时服务器和历史服务器,完成中心实时数据采集和处理以及历史数据的存储、记录和管理。历史服务器配置关系型数据库管理系统,用来管理历史数据。ISCS 系统的网络拓扑图如图 3-4-2 所示。

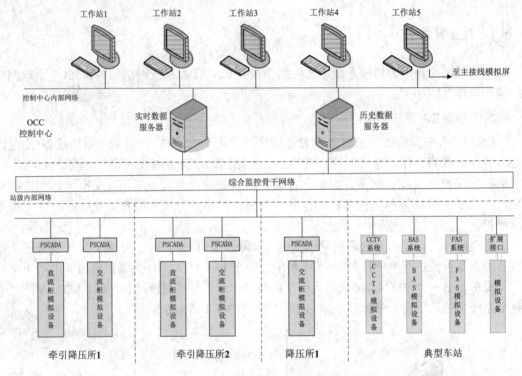

图 3-4-2 ISCS 系统的网络拓扑图

3. C/S 结构网络

轨道交通电力监控系统网络中无论是 ISCS 系统还是 PSCADA 系统均采用 C/S 结构。C/S 结构通常采取服务器和客户机两层结构,服务器负责数据的管理,客户机负责完成与用户的交互任务,在 SCADA 系统里,客户机也叫工作站。

在这种结构中,客户机和服务器都是独立的计算机,少数计算机作为专门的服务器负责提供和管理网络中的各种资源,其他计算机则作为客户机来访问服务器提供的资源。服务器作为网络的核心,一般使用高性能的计算机并安装网络操作系统,而客户机则从服务器上获得所需要的网络资源。

在 C/S 结构中,数据或资源集中存放在服务器上,服务器可以更好地进行访问控制和资源管理,因而提高了网络的安全性,同时网络性能较好、访问效率更高。C/S 模式一般适用于大中型网络。

在 C/S 结构中,应用程序也分为两部分:服务器部分和客户机部分。服务器部分的信息与功能是多个用户共享,负责执行后台服务,如控制共享数据库的操作等;客户机部分为用户所专有,负责执行前台功能,有强大的出错提示、在线帮助等功能,并且可以在子程序间自由切换。

图 3-4-3 是企业服务器的实物图。

图 3-4-3　企业服务器实物图

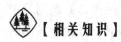 【相关知识】

1. 网络连接的概念

组态王基于网络的概念，是一种真正的 C/S 模式，支持分布式历史数据库和分布式报警系统，可运行在基于 TCP/IP 网络协议的网上，使用户能够实现上、下位机以及更高层次的厂级互联。

TCP/IP 网络协议提供了在不同硬件体系结构和操作系统的计算机组成的网络上进行通信的能力。一台 PC 机通过 TCP/IP 网络协议可以和多个远程计算机(即远程节点)进行通信。

2. 组态王的网络结构

组态王的网络结构是一种柔性结构，可以将整个应用程序分配给多个服务器，可以引用远程站点的变量到本地使用(显示、计算等)，这样可以提高项目的整体容量结构并改善系统的性能。服务器的分配可以基于项目中物理设备结构或基于不同的功能，用户可以根据系统需要设立专门的 I/O 服务器、历史数据服务器、报警服务器、登录服务器和 WEB 服务器等。下面是这五种服务器的含义。

1) I/O 服务器

负责进行数据采集的站点。一旦某个站点被定义为 I/O 服务器，该站点便负责数据的采集。如果某个站点虽然连接了设备，但没有定义其为 I/O 服务器，那这个站点的数据也要进行采集，只是不向网络上发布。I/O 服务器可以按照需要设置为一个或多个。

2) 报警服务器

存储报警信息的站点。一旦某个站点被指定为一个或多个 I/O 服务器的报警服务器，系统运行时，I/O 服务器上产生的报警信息将通过网络传输到指定的报警服务器上，经报警服务器验证后，产生和记录报警信息。报警服务器可以按照需要设置为一个或多个。报警服务器上的报警组配置应当是报警服务器和与其相关的 I/O 服务器上报警组的合集。如果一个 I/O 服务器不作为报警服务器，系统中也没有报警服务器，系统运行时，该 I/O 服务器的报警窗上不会看到报警信息。

3) 历史记录服务器

记录历史数据的站点。与报警服务器相同，一旦某个站点被指定为一个或多个 I/O 服务器的历史数据服务器，系统运行时，I/O 服务器上需要记录的历史数据便被传送到历史数据服务器站点，保存起来。对于一个系统网络，建议用户只定义一个历史数据服务器，否则会出现客户端查不到历史数据的现象。

4) 登录服务器

登录服务器在整个系统网络中是唯一的，它拥有网络中唯一的用户列表。所以用户应该在登录服务器上建立最完整的用户列表，并保证客户机上的用户列表与登录服务器上的用户列表保持一致。当用户在网络的任何一个站点上登录时，系统调用该用户列表，登录信息被传送到登录服务器上，经验证后，产生登录事件。然后登录事件将被传送到该登录服务器的报警服务器上保存和显示。这样，保证了整个系统的安全性。另外，系统网络中工作站的启动、退出事件也被先传送到登录服务器上进行验证，然后传到该登录服务器的报警服务器上保存和显示。

5) Web 服务器

Web 服务器是运行组态王 Web 版本、保存组态王 Internet 版本发布文件的站点，传送文件所需数据，并为用户提供浏览服务。

一个工作站站点可以充当多种服务器功能，如 I/O 服务器可以被同时指定为报警服务器、历史数据服务器、登录服务器等。报警服务器可同时作为历史数据服务器、登录服务器等。

除了上述几种服务器和客户机之外，组态王为了保持网络中时钟的一致，还可以定义"校时服务器"，校时服务器按照指定的时间间隔向网络发送校时帧，以统一网络上个站点的系统时间。

工程人员要实现"组态王"的网络功能，必须满足以下条件：

(1) 将"组态王"安装在网络版 Windows NT 或 Windows XP 上，并在配置网络时绑定 TCP/IP 协议，即利用"组态王"网络功能的 PC 机必须首先是某个局域网上的站点并且该网启动。

(2) 客户机和服务器必须安装并同时运行"组态王"(除 Internet 版本的客户端)。网络结构示意图如图 3-4-4 所示。

在网络结构图中，I/O 服务器只负责设备数据采集，而报警信息的验证和记录、历史数据的记录、用户登录的验证等都被分散到了报警服务器、历史数据服务器和登录服务器中，这样减轻了 I/O 服务器的压力。而当 I/O 服务器比较多时，这种优势显现的更为突出。报警服务器和历史数据服务器集中验证和记录来自各站点的报警信息和历史数据，I/O 服务器和客户机可以集中的从几个服务器上读取到所需的实时数据、报警信息和历史数据。

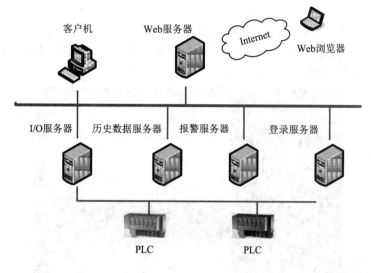

图 3-4-4 网络结构图

【任务实施】

任务要求：用无线路由器组成一个无线局域网络，连接客户端与服务器端，服务器端连接数据采集设备，要求在客户端实现对设备的监控。

要实现组态王的网络功能，必须满足以下两个条件：

(1) 客户机和服务器必须安装 Windows 操作系统，并同时运行组态王软件(软件版本要相同)。

(2) 在配置网络时要绑定 TCP/IP 协议，且两台计算机在一个局域网内。

1) 网络环境搭建

网络连接环境搭建如图 3-4-5 所示。

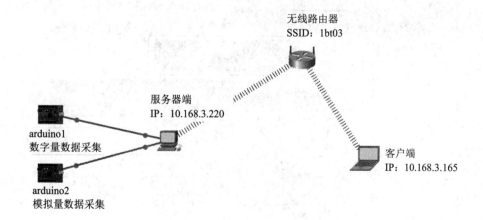

图 3-4-5 网络连接环境搭建

2) 服务器端和客户端的网络配置

(1) 将服务器端计算机接入无线路由器。

在服务器窗口的右下角点击"网络连接"图标，选中 SSID 为"lbt03"的无线网络，点击"连接"按钮，如图 3-4-6 所示。

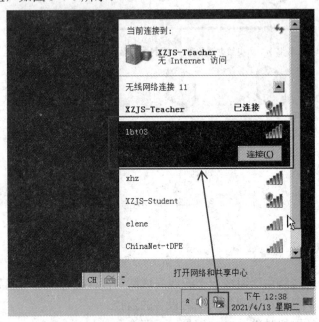

图 3-4-6　服务器与无线路由器连接

打开"控制面板"→"网络和 Internet"→"网络连接"，双击"无线网络连接 11"图标，弹出"无线网络连接 11 状态"窗口，点击"详细信息"按钮，弹出"网络连接详细详细"窗口，可以看到本机自动获取的 IP 地址是"10.168.3.220"，它就是配置服务器网络的 IP 地址，如图 3-4-7 所示。

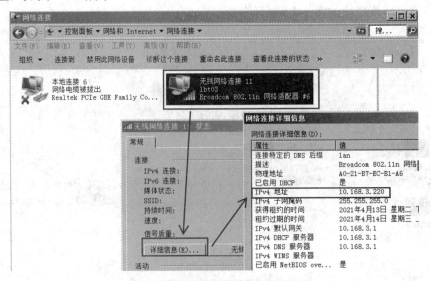

图 3-4-7　查找服务器自动获取的 IP 地址

(2) 将客户端计算机接入无线路由器。

在客户端窗口的右下角点击"网络连接"图标，选中 SSID 为"lbt03"的无线网络，点击"连接"按钮，如图 3-4-8 所示。

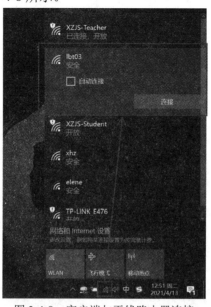

图 3-4-8　客户端与无线路由器连接

打开"控制面板"→"网络和 Internet"→"网络连接"，双击"WLAN"图标，弹出"WLAN 状态"窗口，点击"详细信息"按钮，弹出"网络连接详细详细"窗口，可以看到本机自动获取的 IP 地址是"10.168.3.165"，它就是配置客户端网络的 IP 地址，如图 3-4-9 所示。

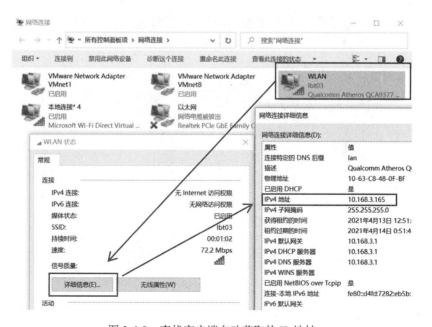

图 3-4-9　查找客户端自动获取的 IP 地址

3) 服务器端的配置

打开组态王软件，在"工程浏览器"里点击"网络"菜单，在弹出的"网络配置"页面进行网络参数设置。网络参数设置如图 3-4-10 所示。注意这里的本机节点名的 IP 地址是：10.168.3.220。

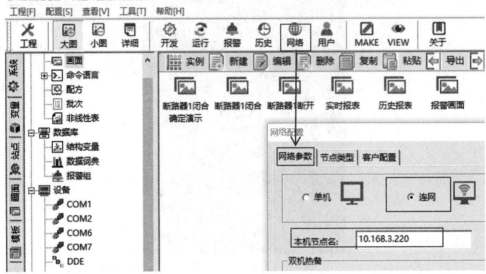

图 3-4-10　网络参数设置

切换至"节点类型"页面，对该页面进行设置，将所有选项都选中，说明本机既是登录服务器，也是 I/O 服务器、校时服务器、报警服务器和历史记录服务器，设置"校时间隔"为 1800 秒，如图 3-4-11 所示。

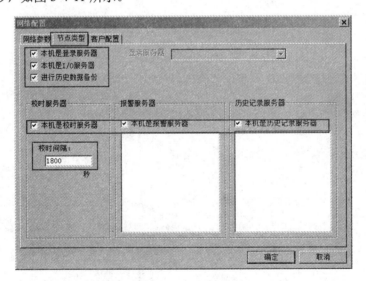

图 3-4-11　节点类型设置

在对服务器端进行网络配置时要注意以下两点：

(1) 服务器端组态王工程文件所在的盘符一定要共享，并且客户端可以访问到这个工程文件。

(2) 正常工作时，本机上此工程处于运行状态。

4) 客户端配置

客户端工程文件不必重新创建，可以直接从服务器端传过来一份，如传到客户端的 E
盘中名称为"四遥功能的实现演示-网络"的工程文件夹里。

在客户机上打开"E:\四遥功能的实现演示-网络"工程文件夹，如图 3-4-12 所示。

图 3-4-12　打开"E:\四遥功能的实现演示-网络"工程文件夹

打开"网络配置"页面进行网络配置，如图 3-4-13 所示。注意这里的本机节点名的 IP
地址是：10.168.3.165。

图 3-4-13　进行网络配置

"站点"配置：在"工程浏览器"左边选择"站点"，在"站点"右边的空白处用鼠
标右击，选择"新建远程站点"，如图 3-4-14 所示。

图 3-4-14　网络站点设置

在弹出的"远程节点"窗口，点击"读取节点配置"按钮，弹出"浏览文件夹"窗口。从"选择路径"栏里点击"网络"路径，从"网络"路径里找到服务器端计算机里"共享"盘符里的要远程监控的工程文件夹，点击"确定"，如图 3-4-15 所示。

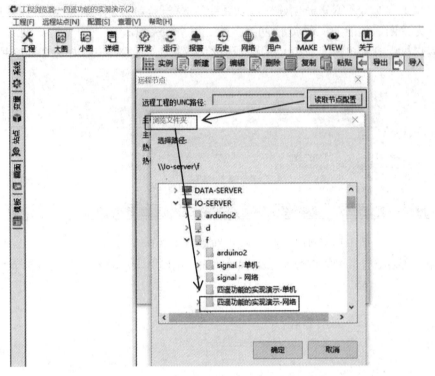

图 3-4-15　读取节点配置

此工程文件夹出现在"远程工程的 UNC 路径"栏里，"主机节点名"栏里显示的是服务器端计算机的 IP 地址，"节点类型"里显示的主机是"登录服务器"和"I/O 服务器"，这与主机的配置是相对应的，如图 3-4-16 所示。

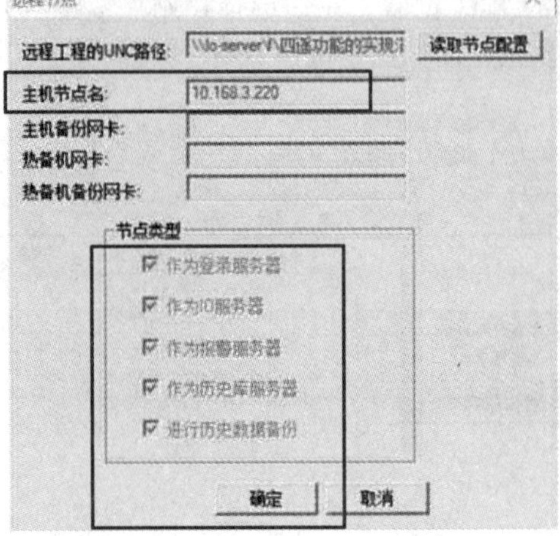

图 3-4-16　节点配置完成

在"客户配置"页面，勾选"客户"，并且将 I/O 服务器、报警服务器和历史记录服务器对应的 IP 地址都勾选上，如图 3-4-17 所示。

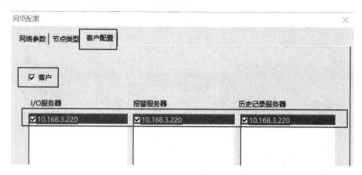

图 3-4-17 配置"客户配置"页面

点击"确定"，窗口显示出服务器端计算机站点的 IP 地址与"数据词典"条目，表明可以远程传递变量，如图 3-4-18 所示。

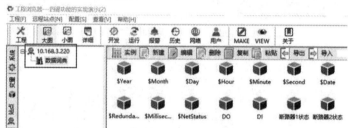

图 3-4-18 网络站点数据词典显示

5) 客户端元件参数的修改

"电压 1"变量的修改，要将本地地址改成网络地址，如图 3-4-19 所示。

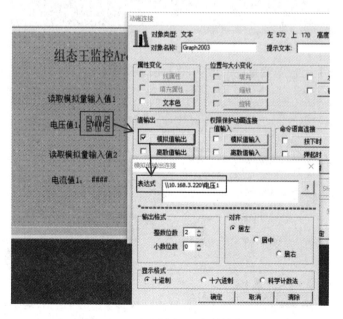

图 3-4-19 "电压 1"变量的修改

"电流1"变量的修改如图 3-4-20 所示。

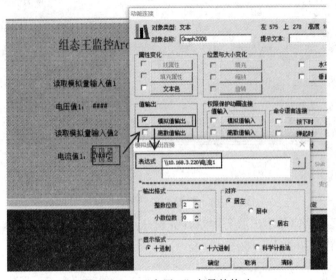

图 3-4-20　"电压 1"变量的修改

在客户机上可以读取到服务器端采集的数据，测试运行结果如图 3-4-21 所示。

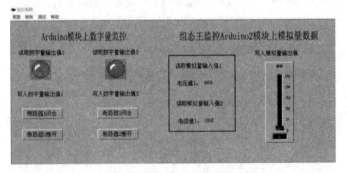

图 3-4-21　测试运行结果

按钮"断路器 1 闭合"变量的修改如图 3-4-22 所示。

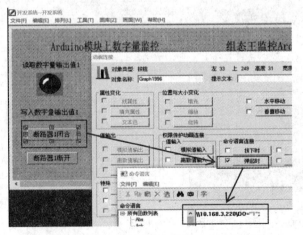

图 3-4-22　按钮"断路器 1 闭合"变量的修改

按钮"断路器 1 断开"变量的修改如图 3-4-23 所示。

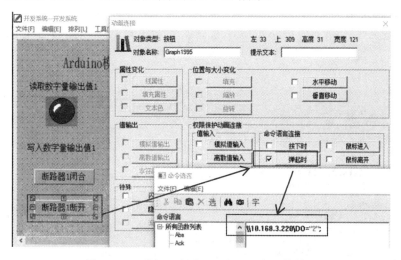

图 3-4-23　按钮"断路器 1 断开"变量的修改

指示灯参数的修改如图 3-4-24 所示。

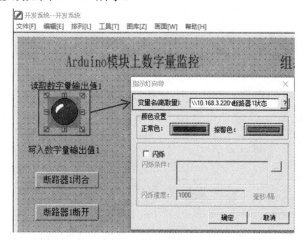

图 3-4-24　指示灯参数的修改

可以在客户端控制服务器端微控制器的开关量，测试运行结果如图 3-4-25 所示。

图 3-4-25　测试运行结果

6) 查看报警画面

(1) 实时报警窗口的设置：双击"实时报警"窗口，弹出"报警窗口配置属性页"，点开"条件属性"页面，选中"报警服务器名"和"报警信息源站点"，如图 3-4-26 所示。

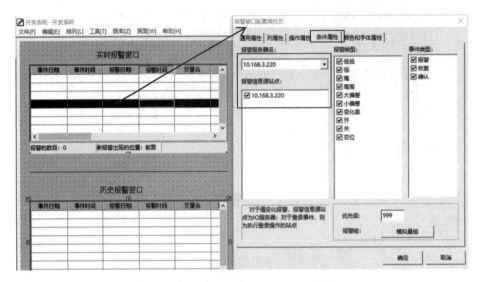

图 3-4-26　实时报警窗口配置属性页设置

(2) 历史报警窗口的设置：双击"历史报警"窗口，弹出"报警窗口配置属性页"，点开"条件属性"页面，选中"报警服务器名"和"报警信息源站点"，如图 3-4-27 所示。

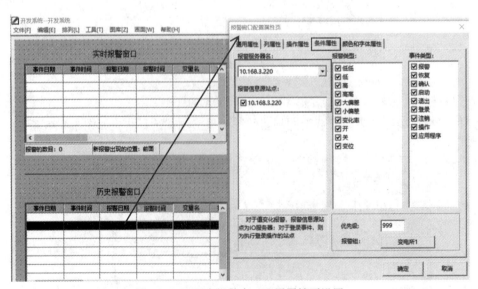

图 3-4-27　历史报警窗口配置属性页设置

(3) 电压值显示的设置：打开报警窗口，将显示电压值的路径修改为服务器的 IP 地址，如图 3-4-28 所示。显示电流值路径的修改也是如此。

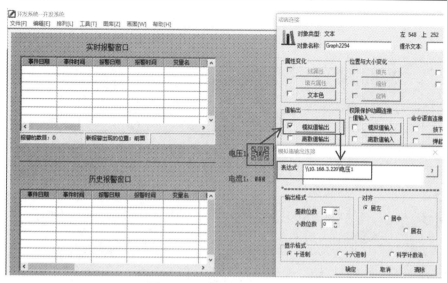

图 3-4-28   电压值显示的设置

（4）报警窗口的显示：运行系统，点击左上角的"画面"菜单，点击"打开"，如图 3-4-29 所示。

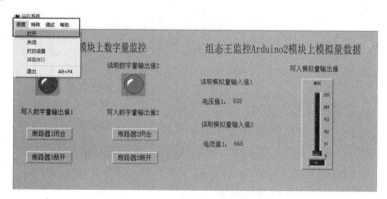

图 3-4-29   从"画面"菜单打开画面

在"打开画面"窗口，选中"报警画面"，点击"确定"按钮，如图 3-4-30 所示。

图 3-4-30   打开报警画面

这时，在客户端就可以查看到报警信息了，如图 3-4-31 所示。

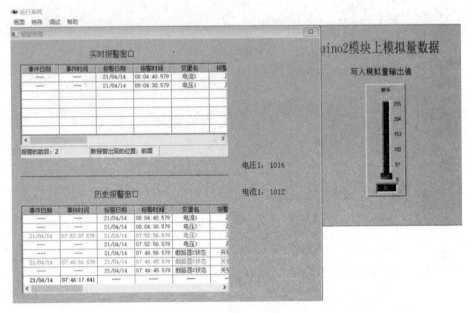

图 3-4-31　在客户端查看报警信息

【思考与练习】

1. PSCADA 系统的功能是什么？
2. 用组态王进行网络连接的运行条件是什么？
3. 在连网状态，服务器端计算机的"网络设置"要设置哪些参数？
4. 服务器端计算机如何查找从无线网络"lbt03"获取的 IP 地址？
5. 按钮"断路器 1 闭合"变量如何修改？

项目4　实训示例

虽然每个城市地铁公司的电力监控系统的设备各不相同，但是它们的工作原理与要实现的功能是相同的。

本项目以学院实训室的设备为例，设置了四个实训课程的内容。主要提供一种方法：有了实训设备，如何将设备能够实现的功能按照教学的要求转化为可实施的实训课程，让学生将知识与技能应用于实践。

任务4-1　认识轨道交通供电实训室设备

【行业背景】

轨道交通供电实训室全貌如图 4-1-1 所示。

图 4-1-1　轨道交通供电实训室全貌

系统由三部分组成：

(1) PSCADA 系统(站级电力监控系统)，包括电源柜、整流柜、负极柜、进线柜、馈线柜、数据管理系统(也叫综自屏)、轨道电位限制装置和直流负载柜。

(2) 轨道交通一次系统模拟图即城市轨道交通电力监控系统的 IBP 盘。

(3) ISCS 系统(中央级综合监控系统)，包括服务器(1 台计算机)和工作站(2 台计算机)。

【相关知识】

本实训系统为城市轨道交通牵引供电系统，整体设备由一套牵引系统组成。其主体设备包含整流变压器、整流器柜、直流牵引柜、直流负载柜、钢轨电位限制装置、系统数据采集柜。

牵引降压所设备送电工作流程：墙壁电源箱→电源柜及各控制回路→整流器柜→直流牵引进线柜→直流牵引馈线柜→直流模拟负载柜。

1. 牵引变电所一次系统图

实训系统采用大功率线性电阻来模拟牵引机车，通电后可产生额定 100A 的直流负载，直流参数均可通过各自的采样系统上传至采样仪表、保护装置及系统后台显示。实训室牵引变电所一次系统图如图 4-1-2 所示。

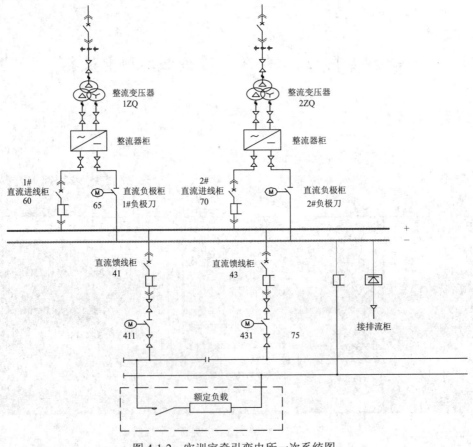

图 4-1-2　实训室牵引变电所一次系统图

2. 二次设备

电力监控系统的直接监控对象是二次设备。电力系统二次设备的构成是一个系统，不仅仅是装置本身，如交流直流控制回路。图 4-1-3 为无锡地铁 SCADA 系统间隔设备层的设备就是二次设备。下面我们讨论的重点是电力监控系统对二次设备数据的采集。

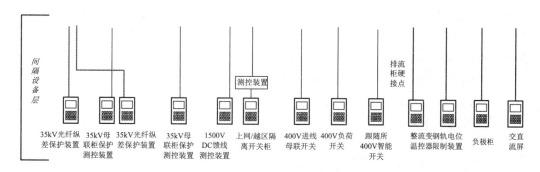

图 4-1-3　无锡地铁 SCADA 系统间隔设备层的二次设备

3. PSCADA 系统设备

1) 电源柜

电源柜也叫交直流屏，由交流电源和直流电源两部分组成。

交流电源是由外部引入的 380 V 的三相交流电，给变电所提供动力电源。外部电源要有两个独立的电源供电，一个主电源，一个备用电源，当主电源发生故障，备用电源继续供电。

直流电源给变电所二次设备提供 220 V 直流电，由两个整流模块和一个直流备用电源蓄电池组两部分组成。正常工作时，一个整流模块直接给二次回路供电，另一个整流模块则负责给蓄电池组充电。一旦外部电源发生停电故障，蓄电池组即由充电状态自动转成供电状态，代替整流模块给二次回路供电，使二次回路能够正常工作。电源柜如图 4-1-4 所示。

图 4-1-4　电源柜

（1）ER11020T 整流模块：ER22010 Utilitysure 系列整流模块采用当代先进的电源技术和工艺，专门为各类变电站、电厂及其他直流供电场合的直流屏设计，具有高效、高功率密度、高可靠性、智能化控制和造型美观等特点。

ER2210T Utilitysure 系列整流模块采用智能风冷的散热方式，功率密度高，占用空间少。采用 2U×4U 标准设计，内置逆止二极管，组屏简单方便。

整流模块型号说明如图 4-1-5 所示。

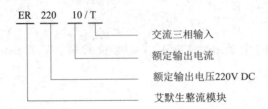

图 4-1-5　ER22010T 系列整流模块型号说明

整流模块实物如图 4-1-6 所示，上面的显示部分可以查询相关参数。

图 4-1-6　整流模块实物

（2）电源综合测控装置/电源综合保护装置：电源综合测控装置由微处理器组成，对电源的参数进行采集和监控。电源综合测控装置实物如图 4-1-7 所示。

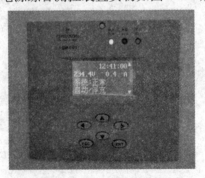

图 4-1-7　电源综合测控装置实物

电源综合测控装置屏幕显示内容如图 4-1-8 所示。

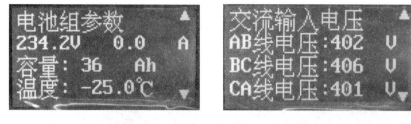

图 4-1-8　电源综合测控装置屏幕显示内容

2) 整流柜

整流柜设备实物如图 4-1-9 所示。

图 4-1-9　整流柜设备实物

整流柜的功能是将 400 V 的三相交流电转换为 48 V 的直流电，相当于给牵引机车提供的 1500 V 直流动力电源。

　　测控装置由直流微机控制器、电压电流表和温控仪等组成。其中直流微机控制器的显示屏上显示整流设备的相关参数，温控仪是的数码管显示相关器件运行时的实时温度值，如图 4-1-10 所示。

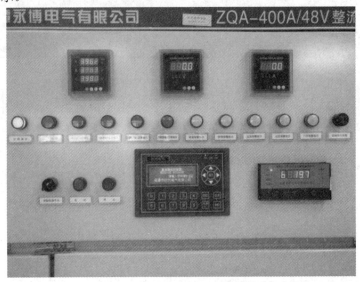

图 4-1-10　整流柜的测控装置

　　整流柜的一次设备由变压器和整流器组成，如图 4-1-11 所示。其中下半部分是三相变压器，上半部分是整流器，输出 12 脉波的直流电压。两台整流柜同时工作时，可以输出 24 脉波的直流电压给负载。

图 4-1-11　整流柜的一次设备

3) 负极柜

负极柜里的一次设备是两台隔离开关，起到接通或断开母线的作用。负极柜的实物如图 4-1-12 所示。

图 4-1-12　负极柜的实物图

负极柜的测控装置为 ST700 组件式直流微机综合保护装置，如图 4-1-13 所示。

图 4-1-13　负极柜的测控装置

负极柜里的一次设备是隔离开关，也叫负极刀，如图 4-1-14 所示。

图 4-1-14　负极柜里的隔离开关

4) 进线柜

进线柜的测控设备是 ST700 组件式直流微机综合保护装置。进线柜的实物如图 4-1-15 所示。

图 4-1-15　进线柜的实物图

进线柜里的一次设备是直流断路器，直流断路器不仅可以切断或闭合高压电路中的空载电流和负荷电流，当系统发生故障时还可以通过继电器保护装置的作用，切断过负荷电流和短路电流，具有相当完善的灭弧结构和足够的断流能力。

QDS8 系列直流快速断路器适用于额定电压 DC 2000 V 及以下、额定电流 4000 A 及以下的直流电路，在地铁、轻轨、电车、工矿电力机车牵引供电系统等行业用作保护直流供配电系统线路，使设备免受短路、过载的损害。

该直流快速断路器结构为单极，无极性。其显著特点是模块结构，主要包括触头回路、合闸保持装置、直接过电流瞬时脱扣器、灭弧罩及辅助触头等。

断路器闭合保持装置采用螺管式电磁铁，通过合闸指令使线圈得电，其动铁芯通过叉杆驱使动触头与静触头闭合，经过大约 0.5 s 延时自动接入经济电阻，铁芯和动触头保持在闭合位置。通过分闸指令，使线圈断电，恢复弹簧迫使铁芯和叉杆复位，动触头断开。

当负荷发生过载或短路时，流过电流大于静态整定值，脱扣动铁芯动作，带动脱扣杆动作，迫使叉杆向上释放动触头断开，动触头断开产生的电弧电流由于主电路自身磁场的作用，将电弧吹入灭弧室，灭弧室的金属栅片将电弧分隔成许多短弧，并在隔离板中去游离，将电弧熄灭。QDS8 系列直流快速断路器实物如图 4-1-16 所示。

图 4-1-16 QDS8 系列直流快速断路器实物

5) 馈线柜

馈线柜里的一次设备也是直流断路器，测控设备是 ST700 组件式直流微机综合保护装置。馈线柜的实物如图 4-1-17 所示。

图 4-1-17 馈线柜实物图

6) 数据管理系统

数据管理系统柜中安装的设备为通信管理机,每一个通信管理机对应着一个 PSCADA 子系统。点击柜面的触摸屏,可以进入系统中,进行界面信息查询和远程操作等。数据管理系统柜实物如图 4-1-18 所示。

图 4-1-18　数据管理系统柜实物

通信管理机也叫前置机,即 FEP,它专门用于数据采集和协议转换。SCADA 系统通过 FEP 接收接入系统的信息并对无关的访问进行隔离。FEP 具有转换各种硬件接口、软件协议的能力,接入系统通过 FEP 将数据传入 SCADA 系统,同时 SCADA 系统也通过 FEP 向各接入系统传送有关数据。通信管理机前面板如图 4-1-19 所示。

图 4-1-19　通信管理机前面板

通信管理机背面如图 4-1-20 所示,其通信端口非常丰富。可以看到有 8 个 LAN 口,3 个 USB 口和 10 个 COM 口,其中 COM1 和 COM2 为 RS232 串口,COM3 到 COM10 为 RS485 串口。

图 4-1-20　通信管理机背面

7) 钢轨电位限位装置

钢轨电位限制装置由接触器与晶闸管并联的组合开关回路、测量和操作回路、信号接口端子、保护装置、防凝露加热器和状态显示设备等组成。采用了 S7-200PLC 作为系统的控制核心元件,可通过 TD400C 人机界面对短路装置的各项参数进行调节及故障信息显示,并由通信模块向后台传送模拟量及数字量信号。

钢轨电位限制装置柜如图 4-1-21 所示。

图 4-1-21 钢轨电位限制装置柜图

钢轨电位限制装置里的一次设备是晶闸管控制的接触器也叫可控硅控制器。测控装置为 S7-200PLC +文本显示器(TD400C)和智能温湿度控制器。

TD400C 文本显示器如图 4-1-22 所示,可以对 I 段、II 段和 III 段限位电压的整定值进行设定。

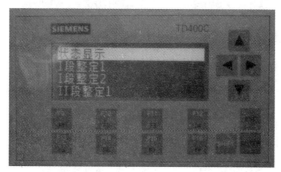

图 4-1-22 文本显示器(TD400C)

S7-200PLC 实物如图 4-1-23 所示，钢轨电位限制装置的所有控制功能由它来实现，即它根据设定条件向钢轨电位限制装置发出执行命令。

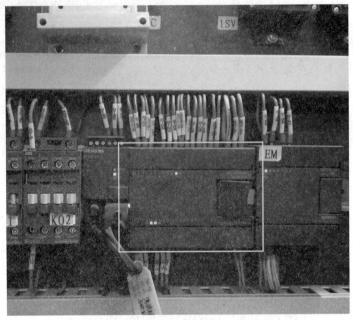

图 4-1-23　S7-200PLC 实物

晶闸管控制的接触器/可控硅控制器如图 4-1-24 所示，它是钢轨电位限制装置的执行机构，控制着钢轨与接地系统的通断。

图 4-1-24　晶闸管控制的接触器

8) 直流负载柜

直流负载柜里的一次设备有直流馈线回路的隔离开关/刀开关、模拟牵引机车的电阻和一些模拟故障的开关等，可以在上面进行故障的设置。直流负载柜实物如图 4-1-25 所示。

图 4-1-25 直流负载柜实物

4. 一次系统模拟图介绍

轨道交通一次系统模拟图模拟 IBP 盘。IBP 盘也叫综合后备盘。IBP 盘设置紧急控制按钮、状态指示灯等设备，通过控制电缆直接与各主要设备的二次端子排连接，其控制级别高于车站综合监控系统操作站。IBP 盘放置在地铁车站综合控制室内，对本车站内的各种主要设备进行紧急控制与监视。轨道交通一次系统模拟图如图 4-1-26 所示。

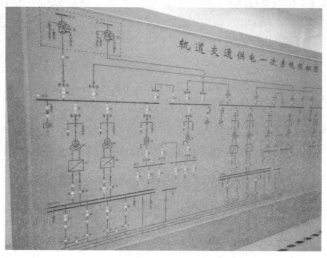

图 4-1-26 轨道交通一次系统模拟图

5. ISCS 系统设备

ISCS 系统设备由 1 台服务器和 2 台工作站组成。模拟站级管理层的功能。如图 4-1-27 所示。

图 4-1-27　ISCS 系统设备

图 4-1-28 为工作站显示器画面，在此工作站可以对变电所所有的电气设备进行远程监控。

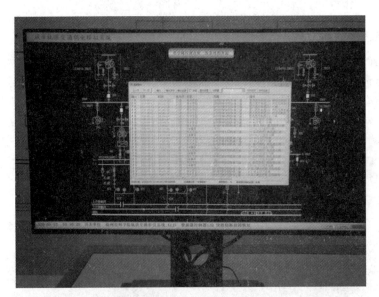

图 4-1-28　工作站显示器画面

图 4-1-29 为服务器显示器画面。此服务器安装的是 Windows Server 2012 R2 网络操作系统，变电所所有电气设备的数据都要先传递到此服务器上，数据经过服务器的处理再传送给 ISCS 的各工作站，操作人员通过工作站的计算机对变电所设备进行监控。服务器的另外一项重要的功能就是要将数据上传至综合监控系统的中央管理层，中央管理层也可以

对各变电所实行监控。

实际的轨道交通监控系统中的服务器是分开使用的，一种是实时数据服务器，另一种是历史数据服务器，而且重要的服务器都使用了冗余技术，使得数据存储更加可靠。

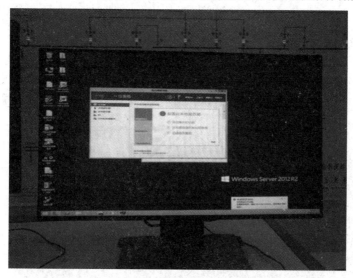

图 4-1-29　服务器显示器画面

【任务实施】

在学院的轨道交通供电实训室，认识并熟悉一次设备与测控装置。

【思考与练习】

1. 画出变电所的一次电路图，并将电路图中的器件与变电所设备柜对应起来。

表 4-1-1　轨道交通牵引供电系统主体设备排列表

整流柜 1	整流柜 2	负极柜	#1 进线柜	#2 进线柜	#1 馈线柜	#2 馈线柜	数据管理系统	钢轨电位限制装置	直流负载柜
							通信管理机、工控机	可控硅控制器	模拟机车 411、431 两个隔离开关

根据一次电路图，填出上表设备柜里的一次设备名称及设备编号。

2. 变电所的电源柜由哪些部分组成，它们的作用是什么？

3. 变电所整流柜的一次设备与功能是什么，测控装置有哪些？

4. 变电所馈线柜的一次设备是什么，测控装置是什么？

5. 学院的轨道交通供电实训室主要由哪两部分组成，每一部分由哪些设备组成？

任务 4-2　探究 ST700 组件式直流微机综合保护装置

【行业背景】

徐州技师学院轨道交通供电实训室牵引变电所里的断路器和隔离开关设备二次系统都是使用的 ST700 组件式直流微机综合保护装置。图 4-2-1 为直流进线柜面板。

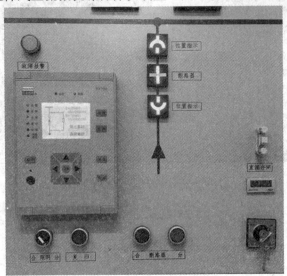

图 4-2-1　直流进线柜面板

图 4-2-2 为直流馈线柜面板。

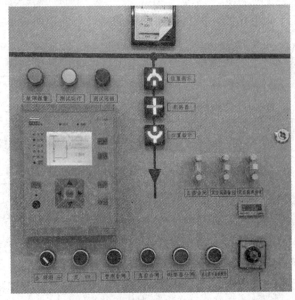

图 4-2-2　直流馈线柜面板

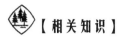【相关知识】

1. ST700 直流微机综合保护装置特点分析

ST700 直流微机综合保护装置，是苏州万龙集团自动化有限公司技术中心在总结 ST600 系列产品开发与生产经验的基础上，吸收国内外先进技术，根据国内轨道交通直流供电系统的需求，全新开发的新一代直流微机综合保护装置。在任务 1-2 的学习中我们知道，ST700 直流微机综合保护装置采用组件式设计思想，其保护、测量、通信与面板显示等每个功能都是用独立的微控制器来完成，ST700 直流微机综合保护装置中使用的微控制器与我们在任务 1-2 中使用的 Arduino Uno 微控制器的功能是完全一样的，不过前者的性能更加强大。

ST700 直流微机综合保护装置采用的微控制器是 ARM Cortex-M3 内核的 32 位处理器，其处理性能强、功耗低且实时性高，而 Arduino Uno 微控制器的处理器核心是 ATmega328，是 ATEML 的 8 位 AVR 系列单片机。ST700 直流微机综合保护装置中的微控制器采用 14 位高精度 A/D 转换器，支持 8 路信号同步采样，而 Arduino Uno 微控制器采用 10 位 A/D 转换器，支持 6 路信号同步采样。另外，该产品支持 ModbusRTU、ModbusTCP、IEC60870-5-101/103 和 Profibus_DP 等多种现场总线通信接口规范，使其通信功能更强大，更方便对间隔设备层的数据进行采集。

ST700 直流微机综合保护装置实物如图 4-2-3 所示。

图 4-2-3　ST700 直流微机综合保护装置实物

2. ST700 直流微机综合保护装置内部模块组成

1）面板模块

面板模块主要实现面板液晶显示、按键及指示灯的功能，如图 4-2-4 所示。

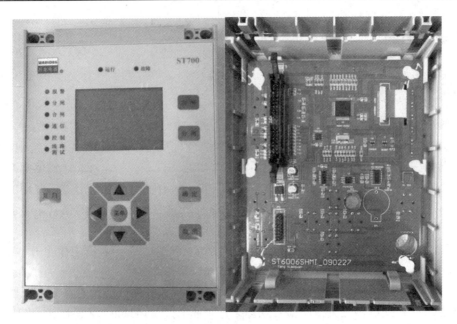

图 4-2-4　面板模块

2) 电源板模块(端子 X1)

电源板模块包括电源部分和 RS485 通信部分，实物与接线说明如图 4-2-5 所示。

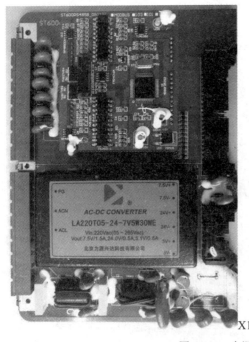

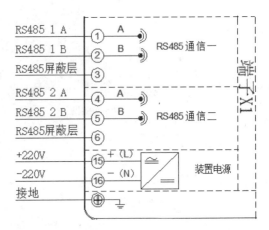

图 4-2-5　电源板模块(端子 X1)

3) 备用板模块(端子 X2、X3)

备用板模块包括光电耦合数字量输入端口和固态继电器数字输入端口，实物与接线说明如图 4-2-6 所示。

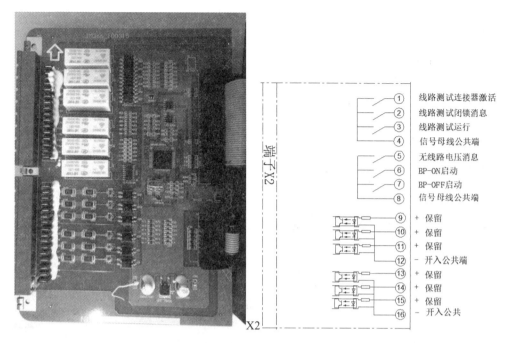

图 4-2-6 备用板模块(端子 X2)

备用板模块(端子 X3)为光电耦合数字量输入端口,实物与接线说明如图 4-2-7 所示。

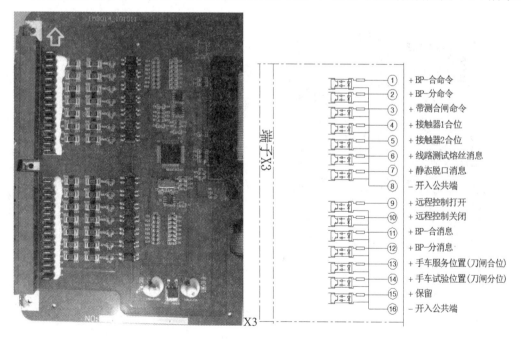

图 4-2-7 备用板模块(端子 X3)

4) 数字量输出板模块(端子 X4)

数字量输出板模块为固态继电器数字量输出端口,实物与接线说明如图 4-2-8 所示。

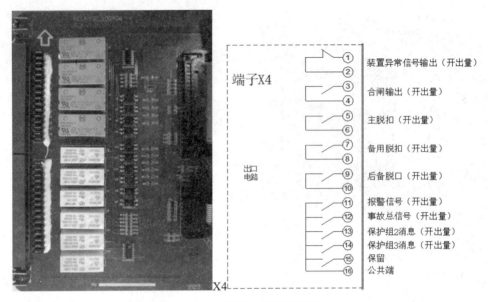

图 4-2-8　数字量输出板模块(端子 X4)

5) 数字量输入板模块(端子 X5)

数字量输入板模块为光电耦合数字量输入端口，实物与接线说明如图 4-2-9 所示。

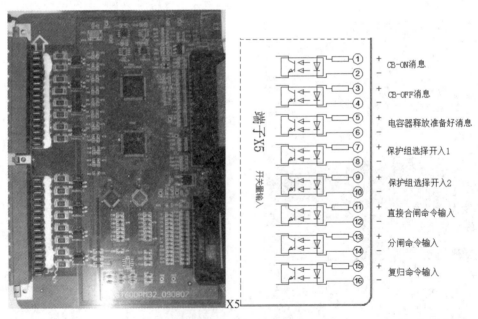

图 4-2-9　数字量输入板模块(端子 X5)

6) 模拟量输入板模块(端子 X6)

模拟量输入端口端口都是采集电流值，主要有两种，一种实物与接线说明是 $-20\,\text{mA}\sim$ $+20\,\text{mA}$，另一种是 $0\,\text{mA}\sim+20\,\text{mA}$，实物与接线说明如图 4-2-10 所示。

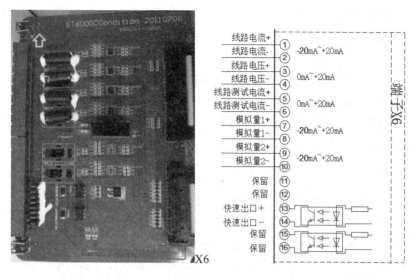

图 4-2-10 模拟量输入板模块(端子 X6)

3. 保护功能与原理

通过电流变送器和电压变送器将保护需要的电流、电压量以 mA 信号引入 ST700 直流保护装置。保护装置根据保护功能对信号进行评估，如果符合保护逻辑并达到保护定值则给直流断路器发跳闸指令。保护功能原理图如图 4-2-11 所示。

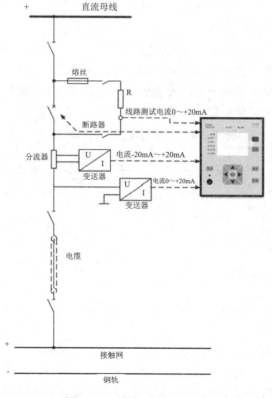

图 4-2-11 保护功能原理图

4. 保护/报警主要内容

1) 过电流速断保护/报警

本装置设有过电流速断报警或过电流速断保护功能，可通过控制字选择。报警、保护信息可通过报警指示灯和面板液晶报警、保护信息查看。

过流速断保护用于切断大的短路电流，大的短路电流对线路会造成巨大的损坏，因此大的电流一旦出现应立即切断，其切断时刻应在其达到峰值电流之前，从而使系统馈电部分免受短路电流伤害，过流速断保护反应时间以毫秒为单位。

过电流速断保护定值菜单如表 4-2-1 所示。

表 4-2-1　过电流速断保护定值菜单

	名称	单位	整定范围	缺省值	整定步长
定值	电流正向定值	A	0.10～2.40 In[①]	1.0	0.01
	电流反向定值	A	0.10～2.40 In	1.0	0.01
	延时时间	ms	1～100 ms	1	1
控制字	名称	整定范围			缺省值
	(过电流速断)[②]方向选择	无方向/正向/反向			无方向
	(过电流速断)压板	退出/报警/跳闸			退出
备注	注①：In 为额定电流，在装置菜单上可设置，设定定值前需确认此值是否和系统一致　注②：本手册定值菜单中，()中的字为装置液晶面板缺省字				

2) 过电流延时保护/报警

本装置设有过电流延时报警或过电流延时保护功能，可通过控制字选择。报警、保护信息可通过报警指示灯和面板液晶报警、保护信息查看。

过电流延时保护用于馈电单元的过载保护，其量度时间以毫秒为单位。

过电流延时保护定值菜单如表 4-2-2 所示。

表 4-2-2　过电流延时保护定值菜单

	名称	单位	整定范围	缺省值	整定步长
定值	电流正向定值	A	0.10～2.40 In	1.0	0.01
	电流反向定值	A	0.10～2.40 In	1.0	0.01
	延时时间	ms	100～60 000	100	1
控制字	名称	整定范围			缺省值
	(过电流保护)方向选择	无方向/正向/反向			无方向
	(过电流保护)压板	退出/报警/跳闸			退出

3) 热过载保护/报警

热过载保护/报警用于消除热过负荷故障，而非短路故障。其工作原理是根据接触网上流过的电流来计算接触网的发热量，根据接触网的热负荷特性及环境条件推算出接触网的温度。当测量的累积热量超过阈值时，保护装置给出相应的报警信息或跳闸指令并闭锁断路器合闸。断路器跳开后，接触网逐渐冷却，当温度进一步下降，低于返回热容量时，则解除热过载保护闭锁断路器合闸。

热过载保护定值菜单如表 4-2-3 所示。

表 4-2-3 热过载保护定值菜单

	名称	单位	整定范围	缺省值	整定步长
定值	电流定值 Ith	A	0.10～2.00 In	0.5	0.01
	热时间常数 Tth	s	10～2400	100	1
	热过载系数 K	—	0～120%	100%	1
	复位系数	—	1%～120%	50%	1
控制字	名称	整定范围		缺省值	
	(热过载保护)方向选择	无方向/正向/反向		无方向	
	(热过载保护)压板	退出/报警/跳闸/预报警&跳闸		退出	

4) 低电压保护/报警

本装置设有低电压保护或低电压报警,低电压报警可通过面板报警指示灯和液晶报警信息查看。

低电压保护定值菜单如表 4-2-4 所示。

表 4-2-4 低电压保护定值菜单

	名称	单位	整定范围	缺省值	整定步长
定值	低电压定值	V	0.20～1.00 Un[①]	0.70	0.01
	延时时间	s	0～100	2	1
控制字	名称	整定范围		缺省值	
	(低电压保护)压板	退出/报警/跳闸		退出	
备注	注①:Un 为额定电压				

5) 过电压保护/报警

本装置设有过电压保护/报警,过电压的电压和时限定值可独立整定。可通过控制字来选择保护或报警,报警信息可通过面板报警指示灯和液晶报警事件查看。

过电压保护定值菜单如表 4-2-5 所示。

表 4-2-5 过电压保护定值菜单

	名称	单位	整定范围	缺省值	整定步长
定值	过电压定值	V	0.50～1.20 Un	1.10	0.01
	延时时间	s	0～100	2	1
控制字	名称	整定范围		缺省值	
	(过电压保护)压板	退出/报警/跳闸		退出	

6) 自动重合闸

如果导致保护动作的故障是瞬时性短路故障,则可通过自动重合闸保证触网供电的连续性。如果存在的是永久性短路故障,自动重合闸多次动作启动线路测试,失败后闭锁合闸，防止断路器带故障合闸，需人工复归后才可解除。

当设置用于控制本次重合闸的某一个继电器保护功能运行导致断路器分闸后，重合闸启动，断路器也可以手动操作分闸以启动重合闸，或者由一个未设置用于控制重合闸的保护功能激活重合闸功能的闭锁状态。

自动重合闸定值菜单如表 4-2-6 所示。

表 4-2-6　自动重合闸定值菜单

	名称	单位	整定范围	缺省值	整定步长
定值	(重合闸)次数	次	1～4	3	1
	(重合闸)延时时间 tr[①]	s	1～200	10	1
	Time1	s	0.1～1000.0	0.3	0.1
	Time2	s	0.1～1000.0	1	0.1
	Time3	s	0.1～1000.0	3	0.1
	Time4	s	0.1～1000.0	10	0.1
控制字	名称	整定范围			缺省值
	(自动重合闸)压板	退出[②]/投入[③]			退出
	线路测试使用	退出/投入			退出
备注	注①：在一次成功重合闸后的"tr"期间发生任何一次新的跳闸，将启动循环的下一步。"tr"后的任何一次新跳闸将重新开始计算整个循环 注②：进行重合闸不需要线路测试 注③：重合闸前启动线路测试，线路测试成功后才进行重合闸				

7) 脱扣逻辑

为保护线路安全，保证跳闸命令(手动操作和保护)发出时跳闸成功，本装置设置了三段脱扣逻辑：主脱扣(分断直流断路器)、备用脱扣(分断直流断路器)、后备脱扣(分断交流断路器)。当故障发生时，为了更迅速地切断断路器，本装置设置了快速脱扣出口(达林顿晶体管)。

所有正常操作跳闸和保护跳闸命令将启动主脱扣(保护跳闸命令同时启动快速脱扣出口)，如果跳闸状态反馈正确则不再启动后继脱扣命令；如果跳闸状态反馈不正确经延时 t_by 后，启动备用脱扣。

备用脱扣命令发出后，如果跳闸状态反馈正确不再启动后备脱扣命令；如果状态依然反馈不正确，装置则发出"直流断路器故障"报警，延时 t_hb 后，装置启动后备脱扣。

脱扣延时菜单如表 4-2-7 所示。

表 4-2-7　脱扣延时菜单

	名称	单位	整定范围	缺省值	整定步长
定值	备用脱扣延时 t_by	ms	0～100	0	1
	后备脱扣延时 t_hb	ms	300～1000	300	1

5. 定值组选择

本装置有三组保护定值可供选择，保护功能可以有选择地对某一条线路进行保护。保护功能的设置一般与一条线路段的专有特性曲线相匹配，由于直流供电牵引电网的工作方式要经常切换，有可能影响线路段的特性，因此有必要重新调整保护功能。该装置通过定值组选择来快速匹配保护功能，一组保护定值的设置对应一种特定的工作方式。

通过定值组选择功能可预置三个不同的保护定值组。当直流断路器分闸情况下，可用装置面板菜单或外部 I/O 控制信号来选择保护定值组。

注意： 只有在断路器断开情况下才能修改保护定值组。

6. 故障分析

(1) 事件记录：本装置可以存储 64 个带时标的事件记录，掉电时记录保持并可查询。事件记录可通过面板液晶显示，并可通过通信端口上传。

(2) 事故记录：本装置可以存储 32 个事故记录，掉电时记录保持并可查询。事故记录可通过面板液晶显示，并可通过通信端口上传。事故记录包括事故名称，事故日期、时间(1ms 精度)，事故时的电流、电压。

(3) 故障录波：ST700 直流微机保护装置带有故障录波功能，通过面板控制字可以选择是否开启录波功能。该功能将模拟量波形、事故类型、事故名称、跳闸/合闸状态、跳闸/合闸信号、采样点位置及其采样点计算值等多种参量集中于同一个界面显示，并提供了滑动的时间轴，为用户快速浏览、准确定位故障参量提供了方便的分析手段。

7. 通信功能

ST700 微机保护装置都支持以下通信：

(1) ModbusRTU(单路/双路)。

(2) ModbusTCP(单路/双路)。

(3) IEC60870-5-101/103(单路/双路)。

(4) Profibus_DP(单路/双路)。

其中，ModbusRTU、ModbusTCP 均通过 Modbus-IDA 认证，ModbusRTU、IEC60870-5-103 通过国家继电保护及自动化设备质量监督检验中心许昌开普实验室的规约认证。

以上通信均支持事件、事故、各种模拟量和跳/合闸状态的上位机远方传送。其中，ModbusTCP 通信可实现故障录波数据的上位机远方传送。

上位机可以通过通信接口实现对装置进行远方跳闸、合闸和复归的操作，实现此操作需将"系统设置"→"修改系统"→"系统参数"→"本地远方选择"中选择为"远方"或"自动"。

"本地远方选择"菜单中，可选项包括本地、外部、自动、远方，与远方跳闸、合闸和复归的操作方式相对应，详见表 4-2-8。

表 4-2-8　本地远方选择菜单

选项	面板按钮	上位机通信
本地	√	
外部	由外部 I/O 控制	
自动	√	√
远方		√

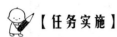【任务实施】

ST700 装置设计了便捷的键盘操作和丰富的液晶显示，为用户提供了友好的使用接口。借助该接口可以很方便地浏览测量资料、修改定值。除此之外，系统还提供了详尽的故障告警信息及故障录波，帮助用户及时准确地处理和分析问题。

装置采用 196×128 点阵中文/图形液晶显示模块 LM1095R 来显示操作菜单、运行资料、参数及状态；8 个 LED 工作状态指示灯；10 个操作按键。ST700 装置人机界面如图4-2-12 所示。

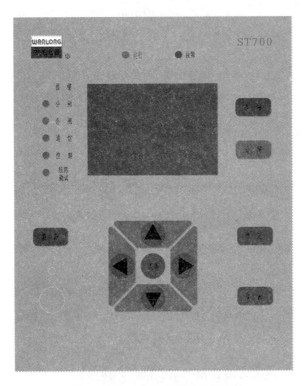

图 4-2-12　ST700 装置人机界面

1. LED 指示灯

装置设有 8 个 LED 灯指示装置当前状态。LED 灯具体含义如下：

(1) "运行"：上电长亮大约 15 s 后，装置进入正常运行状态，"运行"灯开始闪烁。

(2) "故障"：当装置出现内部故障时，"故障"灯闪烁。

(3) "报警"：当装置产生事件、事故时此灯点亮，同时液晶显示相应的报警信息。

(4) "分闸"：对应断路器状态，当断路器处于分闸状态时，此灯点亮。

(5) "合闸"：对应断路器状态，当断路器处于合闸状态时，此灯点亮。

(6) "通信"：通信状态指示，无数据传输时，此灯熄灭；有数据传输时，此灯闪烁。

(7) "控制"：当快速脱扣器充电准备好时，此灯点亮可以进行快速脱扣操作。

(8) "线路测试"：线路测试过程中，此灯闪烁；线路测试成功，此灯熄灭；线路测试失败，此灯常亮。

2. 操作键盘及功能

1) 合闸/分闸按键

本装置合闸/分闸按键为手动合闸/分闸使用，在主界面下长按有效。

2) 信号复归键

当装置发生保护动作、报警等信号时，在主界面下需手动按"复归"键复归这些信号。复归后现象：

① 报警"灯熄灭；

② 复归信号继电器；

③ 线路测试"灯熄灭；

④ 断路器锁标志消失。

3) 其他按键

本装置键盘包括"菜单""确定""取消""▲""▼""◀""▶"，键盘含义分别为：

(1) "菜单"键：在装置主界面下按"菜单"键可进入主菜单。

(2) "确定"键：确认。

(3) "取消"键：取消或返回。

(4) "▲"键：菜单选择，光标上移或本数字位加 1。

(5) "▼"键：菜单选择，光标下移或本数字位减 1。

(6) "◀"键：光标左移。

(7) "▶"键：光标右移。

3. 正常运行主界面

本装置正常运行时，液晶显示循环交替显示电量、事件信息、事故信息、系统时间、定值组、远程控制、手车位置。装置采用中文菜单，在正常运行时按"菜单"键可进入主菜单。装置正常运行主界面如图 4-2-13 所示。

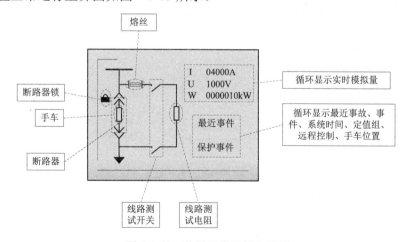

图 4-2-13 装置正常运行主界面

(1) 当断路器处于闭锁状态循环界面显示断路器锁，否则不显示；

(2) 线路测试开关状态："⌐⌐"表示开关断开，"⌐⌐"表示开关闭合；

(3) 断路器状态："▮"表示断路器合闸，"▯"表示断路器分闸；

(4) 手车位置："⟨⟩"表示手车服务位，"⟨⟩"表示手车试验位，"⟨⟩"表示手车位置异常。

4. 装置菜单功能

在主界面，按"菜单"键，进入装置主菜单界面。装置菜单功能界面如图4-2-14所示。

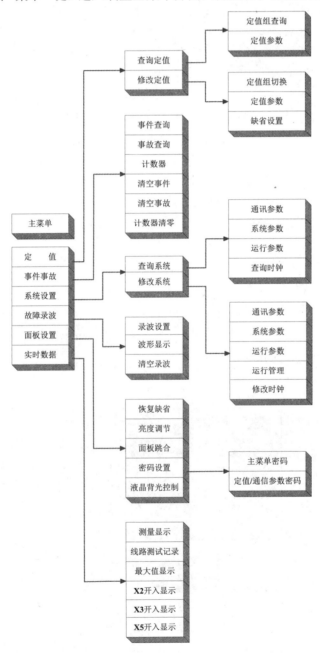

图 4-2-14　装置菜单功能界面

5. 功能操作

在进行菜单和键盘操作时应注意以下问题：

① 注意提示区显示。

② 读取定值时，如读取成功，提示区瞬时显示"定值读取成功"；如读取失败，延时
4 s 左右后，提示区瞬时显示"定值读取失败"，此时只响应"取消"键。

③ 修改定值时，如修改成功，提示区瞬时显示"定值写入成功"；如修改失败，延时
4 s 左右后，提示区瞬时显示"定值写入失败"，此时只响应"取消"键(可多次返回后修改
该定值，如修改成功，此情况不影响装置使用)。建议定值修改完成后，返回查看定值是否
已正确写入。

1) 定值管理

本装置具有定值查看和定值整定功能。定值查看时不能修改定值，如需要修改定值应
在"修改定值"中进行修改。"修改定值"可根据用户需要设置管理权限，但"查询定值"
不具备此功能。定值清单详见技术说明书。

(1) 定值组查询：在主界面下按"菜单"进入主菜单，选择"定值"→"查询定值"
→"定值组查询"，按"确定"进入如图 4-2-15 所示页面。

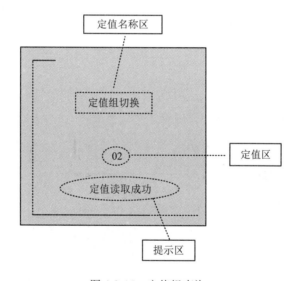

图 4-2-15 定值组查询

(2) 定值组切换：为方便用户使用，装置提供 3 个定值组。断路器必需为断开才能进行
定值组切换，可通过压板"定值组选择依据"来决定是由面板还是由外部开入进行定值组
切换。当设置为面板时，值能通过面板进行定值组切换；当设置为外部时，由外部开入进
行定值组切换，此时面板不能进行定值组切换。

在主界面下按"菜单"进入主菜单，选择"定值"→"修改定值"→"定值组切换"，
按"确定"进入如图 4-2-16 所示页面。定值读取成功后，数字下光标闪烁。按"▲""▼"
键改变数字，按"◀""▶"键移动光标，按"确定"写入定值。

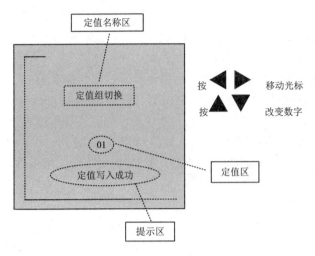

图 4-2-16　定值组切换

(3) 定值显示：以查看过电流速断保护为例。在主界面下按"菜单"进入主菜单，选择"定值"→"查询定值"→"定值参数"→"02.过电流速断保护"，如图 4-2-17①部分所示将光标移动到"02.过电流速断保护"上，按"确定"进入如图 4-2-17 所示的②部分。定值读取成功后，部分定值一屏未能全部显示，可通过按"▲""▼"键移动"→"查看其他定值。

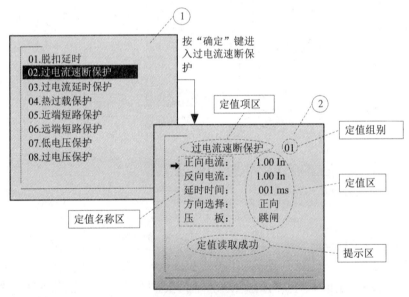

图 4-2-17　定值显示

(4) 整定定值：现以修改过电流速断保护为例介绍定值修改。在主界面下按"菜单"进入主菜单，选择"定值"→"修改定值"→"定值参数"→"02.过电流速断保护"，按"确定"进入图 4-2-18 的①部分。定值读取成功后，可按"▲""▲"来移动"→"到需要修改定值/时间/压板处，按"确定"进入修改界面(整定定值界面区域划分同定值显示区域划分相同见如图 4-2-18 所示的②部分)。

(5) 定值/时间修改：以"过电流速断保护"的"正向电流"为例。在定值修改界面下，输入所需定值，修改完成按"确定"键确认后进入图 4-2-18 的③部分，此时可移动光标进行下次修改。

(6) 压板修改：在压板修改界面下，按"◀""▶"切换到所需压板，修改完成按"确定"键确认进入图 4-2-18 的④部分，此时可移动光标进行下次修改。

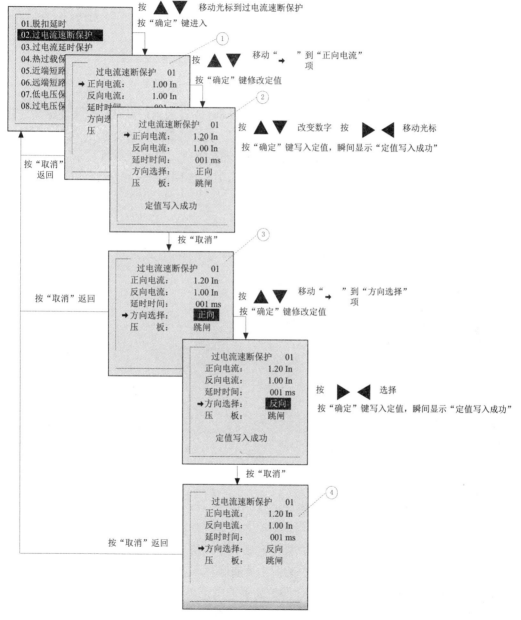

图 4-2-18　整定定值

(7) 装置运行/设定状态说明：在主界面下按"菜单"进入主菜单，选择"定值"→"修改定值"进入如图 4-2-19 所示画面，在图 4-2-19 中选择任意项后，按"确定"装置进入设定状态，此时闭锁所有保护；当返回图 4-2-19 时，装置进入运行状态，此时开放保护。

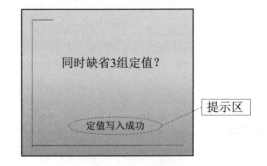

图 4-2-19　装置运行/设定状态　　　　图 4-2-20　定值缺省

（8）定值缺省："缺省设置"可同时将 3 组定值同时缺省为出厂默认，但不能缺省定值组别、系统设置、录波设置。在主界面下按"菜单"进入主菜单，选择"定值"→"修改定值"→"缺省设置"，按"确定"缺省定值。如缺省成功，提示区瞬时显示"定值写入成功"，如图 4-2-20 所示；如缺省失败，延时 4 s 左右后，提示区瞬时显示"定值写入失败"，此时只响应"取消"键。

2）事件事故

略。

3）系统设置

略。

4）故障录波

略。

5）面板设置

略。

6）实时数据

略。

以上"略"部分由学生操作练习。

【思考与练习】

1. ST700 组件式直流微机综合保护装置有哪些主要特点？
2. ST700 组件式直流微机综合保护装置有哪些模块板？
3. ST700 组件式直流微机综合保护装置主要有哪些保护功能？
4. 写出 ST700 组件式直流微机综合保护装置的主菜单功能。
5. 写出操作 ST700 组件式直流微机综合保护装置的定值组查询的步骤。

任务 4-3　PSCADA 系统科目训练

 PSCADA 系统操作

1. PSCADA 系统的启动

(1) 双击桌面上的"灵控工程运行单击系统"图标，如图 4-3-1 所示。

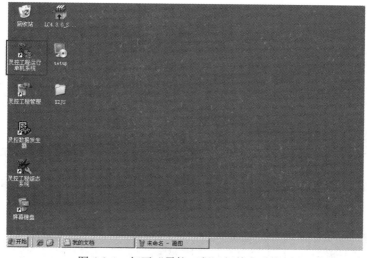

图 4-3-1　打开"灵控工程运行单击系统"

(2) 系统启动时，弹出"用户登录"窗口，如图 4-3-2 所示。填入正确的"用户工号""用户名称"和"用户口令"，即可进入"一次系统图界面"。

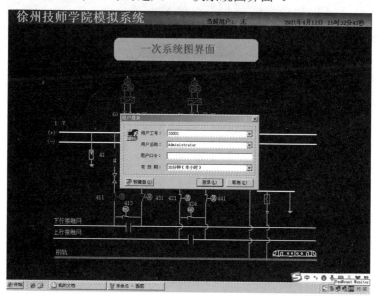

图 4-3-2　"用户登录"窗口

2. PSCADA 系统的界面功能介绍

在每一个降压所的成套柜中，有一面"电力监控系统"柜，此柜中所装的设备为通信管理机，每一个通信管理机对应着一个 PSCADA 子系统。点击柜面的触摸屏，我们可以进入系统中，进行界面信息查询和远程操作等。

1) 一次系统图界面

PSCADA 系统可以对现场设备的设备状态、模拟量值、阈值、设定值等进行实时的监视。并在系统界面上通过图标、符号、颜色、闪烁、形状、数值的变化等显示特性来表现设备的实时数据状态。

(1) 打开"灵控监控系统"，进入一次系统图界面，如图 4-3-3 所示，通过查看各降压所的供电一次系统图上各图标的颜色和形状来确定现场设备的实际运行状态。

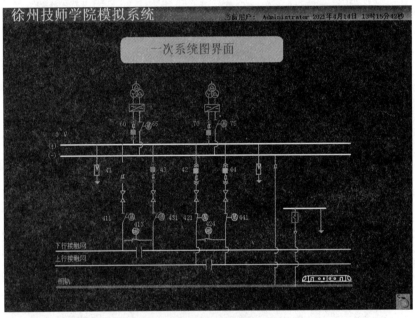

图 4-3-3　一次系统图界面

(2) 一次系统图中，如图 4-3-4 所示图标是多状态变化的。其他图标在绿色时表示为设备工作未运行状态；红色时表示为设备工作运行状态。蓝色时表示此设备已经完全脱离工作位置。

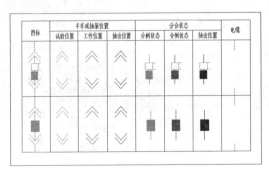

图 4-3-4　多状态变化

2) 分合闸界面

PSCADA 系统中的基本遥控功能可以使操作员在操作站上进行单点控制。操作员一个简单的"点击"即可对被选择的设备进行远程遥控。

每一个基本遥控功能应由"连锁保护与启动/停止/复归指令"组成。"连锁保护与启动/停止/复归指令"逻辑上是由一组事先定义的状态量判定和数字量输入组成的。

只要启动命令条件满足，基本遥控功能即可执行。系统将根据执行的情况报告"已成功执行"或"执行失败"。操作员在控制执行之前，通过选择"确认"功能键，执行控制命令。通过选择"取消"功能键，取消控制命令执行。

点击界面上"合分闸操作"快捷按钮进入"合分闸界面"，如图 4-3-5 所示。

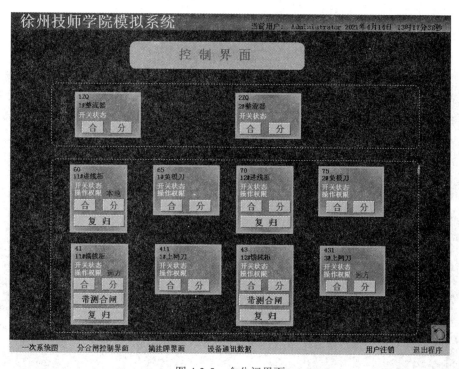

图 4-3-5 合分闸界面

在对某个回路设备进行操作时，需要注意一些状态信息，例如此回路设备的"开关状态"和"操作权限"。"开关状态"后的小灯绿色时表示分闸状态，如图 4-3-6 所示；小灯红色时表示合闸状态，如图 4-3-7 所示。"操作权限"只有显示为红色"远方"字体时，PSCADA 系统才有远程控制的权限，否则只可以就地操作。但当"操作权限"后面字体显示为绿色"无效"字体时，表示此设备所在的子系统或者与此设备通讯的通讯管理机与后台系统通信中断。

图 4-3-6 分闸状态

图 4-3-7 合闸状态

在对某个回路设备进行操作时，除了上述状态信息外，此回路可能还与相关回路联锁。当符合联锁条件时，此回路不具备合闸条件，会弹出提示对话框，告知操作人员不能合闸的连锁原因，如图4-3-8所示。

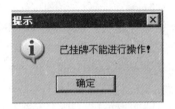

图4-3-8　提示对话框

如果没有分开直流断路器而直接闭合负极刀，则不符合联锁控制条件。因为负极刀在空载情况下才能改变状态，所以有提示窗口弹出，操作不能进行，如图4-3-9所示。

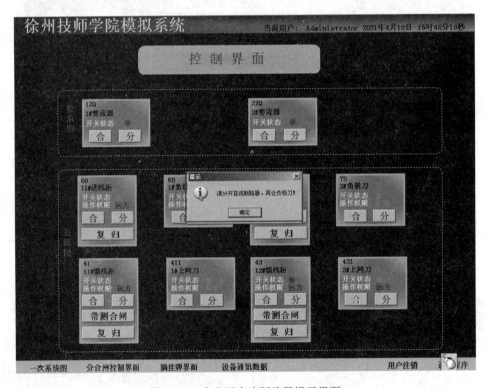

图4-3-9　未分开直流断路器提示界面

3) 挂摘牌界面

当有人员在现场电气设备维护检修或此现场设备发生故障不能再次投入运行时，可通过PSCADA系统中的挂牌功能对已挂牌设备的远程遥控进行限制，以达到保护现场人员和设备的目的。在每个PSCADA的挂摘牌界面(如图4-3-10所示)，可对每个现场装置进行挂牌和摘牌操作，也可对整段设备进行统一挂摘牌，并于后台实现统一。当设备维护完成后可重新投入使用时，可通过PSCADA系统中的摘牌功能恢复对设备的远程遥控。

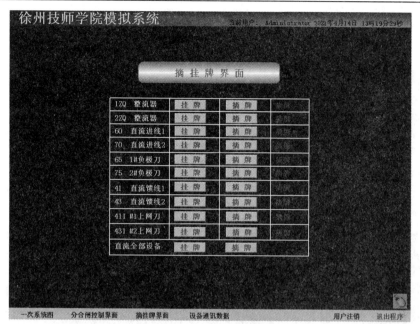

图 4-3-10　挂摘牌界面

点击单个回路设备后的操作按钮则可对此回路的设备进行挂摘牌的操作。挂牌完成后，在合分闸界面中，该回路设备合闸界面的右上角会出现"禁止合闸"的图标，如图 4-3-11 所示，并且该回路设备的合闸指令失效。如对"1#整流器"执行挂牌操作，最后一栏的状态显示则会显示为"挂牌"，如图 4-3-12 所示，如果此回路没有挂牌，则显示为空。

图 4-3-11　禁止合闸

图 4-3-12　挂牌状态

如需对一个降压所的全部的直流设备进行挂摘牌操作，则可以使用"直流全部设备"的"挂牌"或"摘牌"按钮来执行操作，如图 4-3-13 所示。

图 4-3-13　对直流全部设备进行挂摘牌操作

4) 数据浏览界面

设备通信数据界面分别将整流器、直流回路设备、电源屏等关键设备的数据实时显示，如图 4-3-14 所示。用户可以通过查看此界面来查看设备的运行参数。

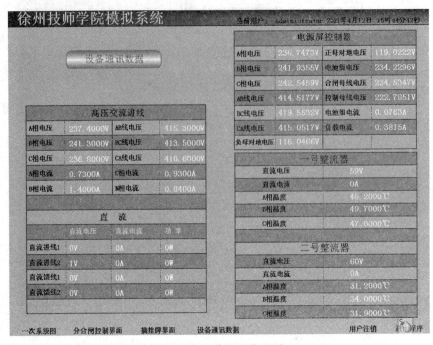

图 4-3-14　数据浏览界面

3. PSCADA 系统的其他功能介绍

1) 报警查询功能

(1) 现场设备发生开关变位或装置异常后，PSCADA 界面直接弹出对话框显示报警内容与报警的类型：开关遥信变位、开关事故跳闸、设备异常或故障、微机保护动作、遥测越限、工况投退等。报警方式是画面报警，如图 4-3-15 所示。

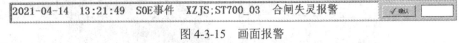

图 4-3-15　画面报警

(2) 可通过选择工具条中的报警图标报警查看或是确认所有报警。如图 4-3-16 所示，"报警事件"窗口中有"上一页""下一页""确认""确认本页""确认全部""冻结""显示设置""过滤器""打印本页""打印全部"按钮以及一个下拉框选项。

图 4-3-16　报警事件窗口

(3) 点击"报警事件"窗口上的"过滤器"工具条，弹出"过滤器设置"窗口，这时可以根据相应条件查看报警信息，如图 4-3-17 所示。

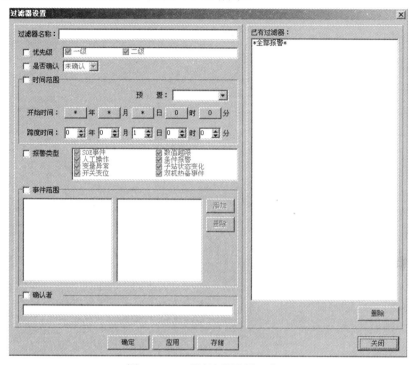

图 4-3-17　"过滤器设置"窗口

(4) 点击"报警事件"窗口上的"打印本页"工具条，调出 Excel 软件，生成"报警事件列表"，即可打印报警信息，如图 4-3-18 所示。

序号	确认	日期	时间	优先级	类型	范围	描述
1	已	2021-4-12	15:34:48	一级	SOE事件	XZJS,ST700_02	本地合闸
2	已	2021-4-12	15:34:46	一级	SOE事件	XZJS,ST700_03	合闸失灵报警
3	已	2021-4-12	15:34:45	一级	SOE事件	XZJS,ST700_03	本地合闸
4	已	2021-4-12	15:34:43	一级	SOE事件	XZJS,ST700_04	本地合闸
5	已	2021-4-12	15:34:40	一级	SOE事件	XZJS,ST700_04	本地分闸
6	已	2021-4-12	15:34:19	一级	SOE事件	XZJS,ST700_03	本地分闸
7	已	2021-4-12	15:34:18	一级	SOE事件	XZJS,ST700_03	合闸失灵报警
8	已	2021-4-12	15:34:16	一级	SOE事件	XZJS,ST700_03	本地合闸

图 4-3-18　打印报警信息

PSCADA 科目训练演示讲解

1. 牵引降压所设备送电工作流程

牵引降压所设备送电工作流程：整流器柜→进线柜→馈线柜→负载柜。

1) 就地操作步骤

(1) "远程/就地"转换开关位置。

(2) 合闸顺序记录。

2) 远程操作步骤

(1) 整流器投运；

(2) 直流进线回路供电；

(3) 直流馈线回路供电；

(4) 模拟负载投入。

2. 故障测试

1) 测试项目

(1) 直流母线短路测试；

(2) 框架泄露测试。

2) 测试内容

(1) 故障现象(60 断路器、70 断路器跳闸等)；

(2) 记录故障查询结果；

(3) 消除"报警"方法；

(4) 实验完成后将全部设备恢复至初始断开状态。

学生实训报告

_____～_____学期第____学期

_____学院_____专业

实训课程					
学生姓名		班级		学号	
实训课题			指导教师		
实训时间			实训地点		
实训目的					

实 训 内 容

直流牵引网正常负载及故障测试

1. 牵引降压所设备送电工作流程

1) 就地操作步骤
(1) "远程/就地"转换开关位置：

(2) 合闸顺序记录：

2) 远程操作步骤

2. 故障测试 1
(1) 故障现象描述：

(2) 故障记录查询结果：

(3) 分析故障原因:

(4) 恢复正常运行工作状态步骤:

3. 故障测试 2
(1) 故障现象描述:

(2) 故障记录查询结果:

(3) 分析故障原因:

(4) 恢复正常运行工作状态步骤:

4. 实验结束工作
实验完成后将全部设备恢复至初始断开状态。

心得体会			
教师评语	签名:　　　　　　年　月　日	成绩	

任务 4-4 ISCS 系统科目训练

 ISCS 系统操作

1. ISCS 系统的界面功能介绍

ISCS 系统后台一共分为五个主要界面：①牵引降压混合所一次系统图界面；②挂摘牌界面；③通讯/数据浏览；④趋势曲线；⑤负载实验。

1) 牵引降压混合所一次系统图界面

ISCS 系统通过后台工作站监视现场设备的设备状态、模拟量值、阈值、设定值等，并在后台界面上通过图标、符号、颜色、闪烁、形状、数值的变化等显示特性来表现设备的实时数据状态。

打开"灵控监控系统"，进入如图 4-4-1 所示主界面，通过查看主界面的降压所的供电系统图上各图标的颜色和形状来确定现场设备的实际运行状态。

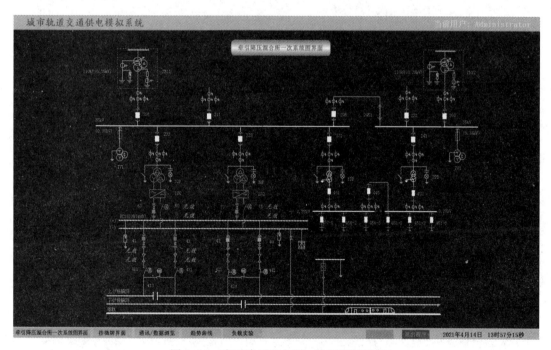

图 4-4-1 牵引降压混合所一次系统图界面

2) 挂摘牌界面

当有人员在现场电气设备维护检修或此现场设备发生故障不能再次投入运行时，可通过 ISCS 系统中的挂牌功能对已挂牌设备的远程遥控进行限制，以达到保护现场人员和设备的目的。当设备维护完成可重新投入使用时，可通过 ISCS 系统中的摘牌功能恢复对设备的远程遥控。

ISCS 系统的挂摘牌界面与 PSCADA 系统的挂摘牌界面相同，其操作方法可参考任务 4-3 中的内容，在此不再赘述。

3) 通讯/数据浏览界面

(1) 数据浏览部分：点击主界面下端的"通讯/数据浏览"快捷按钮进入"通讯数据界面"，如图 4-4-2 所示。对此降压所的各回路的运行测量参数进行查询。

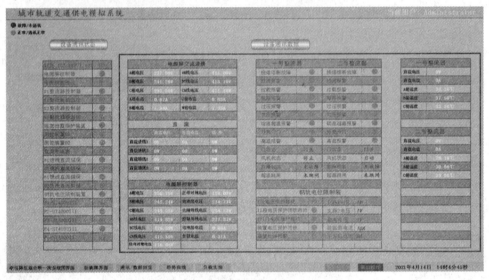

图 4-4-2　通讯数据界面的数据浏览部分

(2) 设备的通讯状态部分：点击主界面下端的"通讯/数据浏览"快捷按钮进入"设备通讯状态界面"，如图 4-4-3 所示，查看详细的智能电气设备与系统后台间的通信建立情况。在列表中左侧字体用以描述具体的设备的回路名称和编号，右侧的指示点在绿色时表示该设备的通讯状态正常，红色时则表示异常。通过查看通讯状态界面可以准确快速地找到具体的问题设备，便于快速地排查出问题。

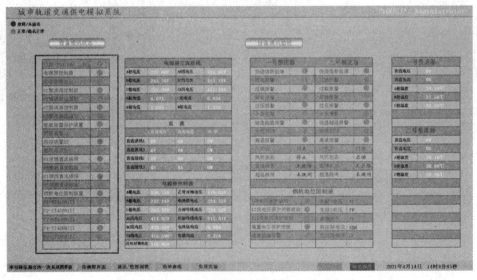

图 4-4-3　通讯数据据界面的设备通讯状态部分

4) 趋势界面

ISCS 系统提供趋势曲线画面, 趋势曲线画面是按水平或垂直方向显示的相对时间的遥测和计算出的数据图。在趋势图上一个轴代表时间, 另一个轴代表一个或多个被选择的数据值, 这些值相对时间变化。趋势记录的数据来源于实时数据、历史数据等。

(1) 实时趋势: 应能选择任何实时数据库模拟量点用于实时趋势显示。当要求显示某点的趋势曲线时, 该点最新的实时值被显示在曲线的最右端。

(2) 历史趋势: 用户能请求显示历史数据趋势曲线, 此时需指定: 需显示的趋势点、起始时间(日期及时间)、时间比例刻度。可通过游标在历史曲线图上自动获得并显示相应时间点的时间以及数值。

点击主界面下端"数据趋势"快捷按钮进入"数据曲线"趋势界面, 如图 4-4-4 所示。选中右侧的变量栏中的变量名对此降压所的重要的运行参数的趋势进行查询, 例如选中"60 直流进线电流", 可以在左侧的坐标系中看见它在一段时间内的变化趋势。

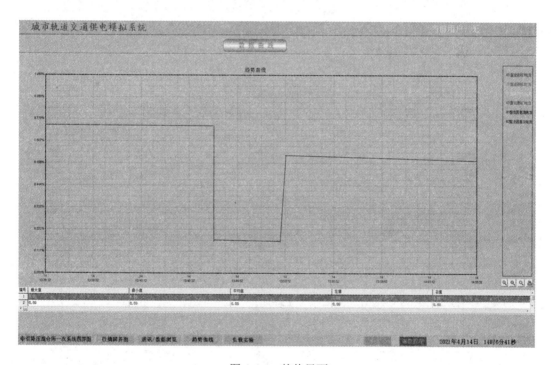

图 4-4-4　趋势界面

双击趋势界面上的趋势曲线画面, 弹出"趋势曲线设置"对话窗。可根据自身需求对趋势曲线的参数进行设定, 如图 4-4-5 所示。

"历史数据类型"共有三个选项: 瞬时值、平均值和所有值。瞬时值为曲线显示时间点上数据库采样获取的数值; 平均值为曲线显示时间周期中数据库采样获取的所有数值的算术平均值; 所有值为曲线显示周期中数据库采样获取的所有数值。一般选择所有值来作为趋势显示的数据类型。

"取值方式"共有两个选项: 直接变量和表达式。直接变量为系统从现场设备上直接采样来的测量值。表达式的含义为把系统从现场设备上直接采样来的测量值进行人为的计算处理，以获得自己想要的数值。一般选择直接变量来作为趋势显示的取值方式。

"坐标系类型"共有三个选项：连续性时间、周期性时间和历史时间段。连续性时间的含义是指曲线一段用户选定的时间内某测量值的变化趋势。周期性时间的含义为曲线表示用户选定的周期循环的时间段内某测量值的变化趋势。(比如，一天，一个星期，一个月作为一个周期)历史时间段的含义表示一段用户选定的过去时间段内某测量值的变化趋势。一般选择历史时间段来作为趋势显示的坐标系类型。

"曲线类型"共有三个选项：曲线、柱状图和饼图。一般选择曲线来作为趋势显示的方式。

"Y轴数据类型"共有两个选项：实际值和百分比。一般选择实际值来作为趋势显示的方式。

趋势图可以设置不同的组别，对不同类型变量的趋势加以区别。

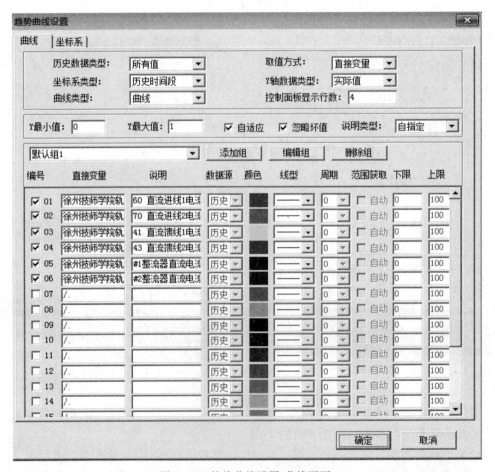

图 4-4-5 趋势曲线设置(曲线页面)

可根据自身需求对趋势曲线的"坐标系"的参数进行设定，如图 4-4-6 所示。时间轴设置的间隔时间一般大于或等于采样时间间隔。

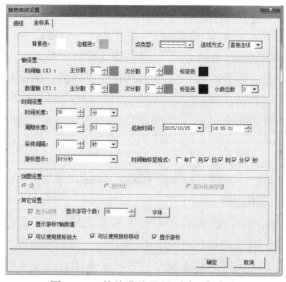

图 4-4-6　趋势曲线设置(坐标系页面)

5) 合分闸操作界面

与 PSCADA 系统中的基本遥控功能相同，在 ISCS 系统中，操作员一个简单的"点击"也可对被选择的设备进行远程遥控。

ISCS 系统的分合闸界面与 PSCADA 系统的分合闸界面有所不同。PSCADA 系统的分合闸界面是单独做出来的一个分合闸控制界面，所有设备的分合闸动作都是在这个界面上操作完成的。在控制界面上，每个设备的分合闸操作都是用一个框图表示，且设备的状态信息标注清楚，一目了然。而 ISCS 系统的分合闸界面是做在牵引降压混合所一次系统界面上的，也就是说，ISCS 系统的分合闸界面既是一次系统图界面，同时又具有分合闸控制功能，是 PSCADA 系统中一次系统图界面与分合闸控制界面的有机组合。

只要点击 ISCS 系统的牵引降压混合所一次系统界面上的任何一个开关，即可弹出该开关对应的"合分闸界面"，如图 4-4-7 所示。

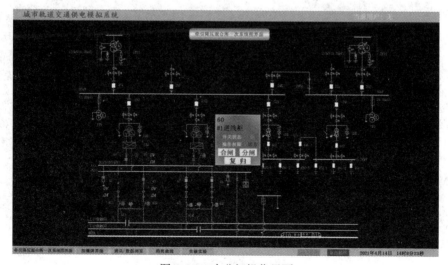

图 4-4-7　合分闸操作界面

应当说 ISCS 系统中的分合闸控制方法更直观更形象。在一次系统图中，要想改变某个回路的状态，只要用鼠标在设备的图形符号上单击一下，就会弹出此设备的分合闸控制框图。这时，再用鼠标点击框图上的分闸/合闸按钮，设备的状态就会随之改变。同时该设备图形符号的颜色也会随之改变。如设备合闸就会变成红色，分闸就会变成绿色。

在对某个回路设备进行操作时，除了上述状态信息外，此回路可能还与相关回路联锁。当符合联锁条件时，如果此回路不具备合闸条件，会弹出提示对话框，告知操作人员不能合闸的联锁原因。

联锁条件从高到低共分为四个级别：

第一级，判断同级别的开关是否相互间有联锁，例如，馈线回路在已合断路器情况下，将被闭锁禁止隔离刀的合闸动作。

第二级，判断后台系统与此开关设备的通信是否正常，正常通信情况下，后台的状态信息和远控操作才可被正确读取和执行。

第三级，判断此设备现在的控制权限在远方还是本地，当要远程操作时，需要此开关的控制权限在远方位置。

第四级，判断此设备是否处在挂牌状态中，当处在远程或本地挂牌状态时，此设备不具备合闸条件，不可合闸，以保证此设备或回路的维修或维护操作人员的安全。此联锁为软件内的软联锁，不是机构或线缆的硬联锁。

6) 仿真模拟界面(负载试验)

点击主界面下端的"负载试验"的快捷按钮，进入"牵引降压所直流负载试验"界面，如图 4-4-8 所示。"牵引降压所直流负载试验"界面有如下试验项目：①母线故障；②额定负载；③馈线故障；④框架泄露；⑤逆电流；⑥钢轨电位；⑦整流器熔断器熔断；⑧整流器过流；⑨整流器超温。

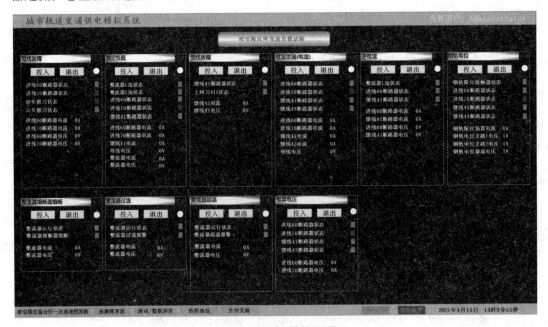

图 4-4-8　仿真模拟界面

每一个小方框表示一个试验项目，母线故障试验项目如图 4-4-9 所示。

(1) 左上角是此试验项目的名称。

(2) 右上角显示此试验按钮的操作权限为就地还是远方。

(3) "投入""退出"表示远程将试验投入还是退出试验。小圆灯为绿色时表示试验没有投入，为红色时表示试验已经投入。但通讯异常时，绿色灯不表示任何含义。

(4) 各开关的状态信息表示与此试验有关的开关目前的状态。小方灯为绿色时表示此开关处于分闸状态，为红色时表示此开关处于合闸状态。但通讯异常时，绿色不表示任何含义。

(5) 下半部分显示与此试验有关的各回路的实时测量参数的数值。

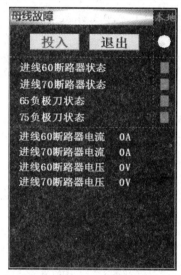

图 4-4-9　母线故障试验项目

2. ISCS 系统的其他功能介绍

1) 数据库管理功能

系统设置实时数据库及历史数据库管理系统，用于对在线运行数据及历史数据的管理。

打开"灵控监控系统"主界面，将鼠标拖动到界面正上方拉出菜单栏，如图 4-4-10 所示。

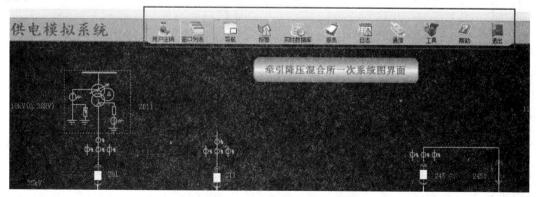

图 4-4-10　"灵控监控系统"主界面

　　选中菜单栏中的"通信"选项下的"通信数据"进行实时数据的查询，如图 4-4-11 所示。

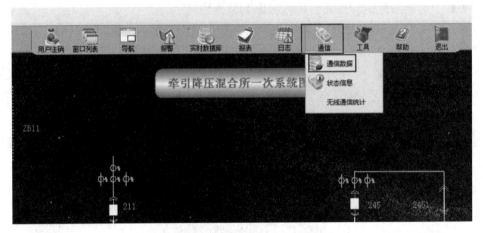

图 4-4-11　"通信数据"界面

　　在弹出的"实时数据字典"界面中，通过选择"子站名称"可以查看到此子系统下所有设备实时的状态信息。可以通过"搜索"来具体查询，如图 4-4-12 所示。

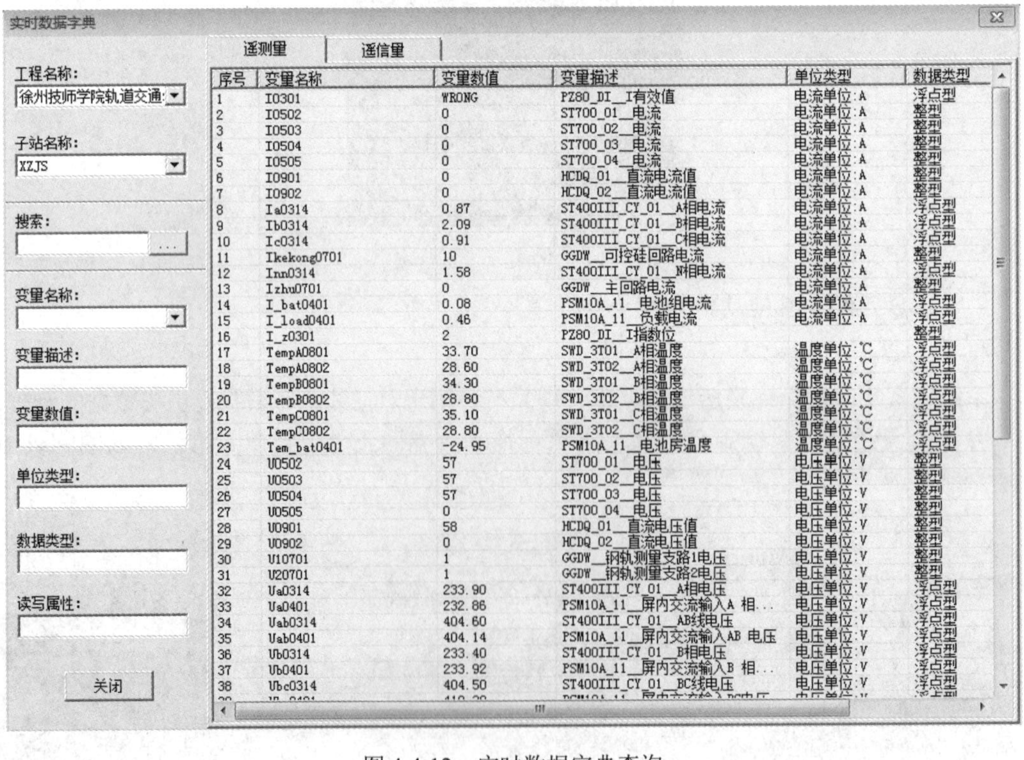

图 4-4-12　实时数据字典查询

　　当系统运行较长时间后，由于历史数据的不断存储，硬盘空间不断减少，需要对历史数据进行处理。

　　数据后援负责历史数据的导出和导入，包括历史数据库中的系统信息(故障录波数据、

PDR 数据、用户管理日志、系统日志、用户日志、报警事件和用户信息)和工程数据(工程
设备子站的遥测数据、遥信数据)。另外，导出时不论选择是否保留原始数据，工程文件都
保留；导入时根据用户需要可以选择覆盖或不覆盖工程文件。

　　打开"灵控历史数据服务系统"主界面，将鼠标拖动到界面正上方拉出菜单栏，选中
菜单栏中的"工具"选项下的"数据后援"进行数据库数据的导入、导出、保存操作，如
图 4-4-13 所示。

图 4-4-13　数据库数据的操作

2) 事件查询功能

　　后台系统的各操作站都具备完善的事件记录查询功能，可将不同的事件信息进行分
类，筛选重组，建立一个事件体系。用户可通过事件查询工具，查看一段时间内所发生的
所有事件，也可以定向筛选出需要的事件类型，并且能够查询到事件的详细信息。

　　打开"灵控监控系统"主界面，将鼠标拖动到界面正上方拉出菜单栏，选中菜单栏中
的"日志"查看系统事件，弹出"系统事件"对话窗，如图 4-4-14 所示，按照时间的近远
顺序详细排列出发生的所有事件。通过列表可以查看到事件发生的时间和具体事件的发生
原因，同时还可以查看到确认此事件的具体操作人员，起到对事件的全过程的监控。

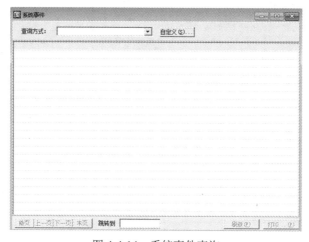

图 4-4-14　系统事件查询

　　通过点击"自定义"按钮，在弹出"自定义查询设置"界面中用户可设置筛选不同的系统事件的条件，并且将其保存起来以便以后查询。例如，可以通过查询系统的部署次数和具体时间进行查询，如图 4-4-15 所示。

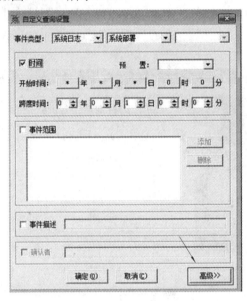

图 4-4-15　自定义查询设置

　　在"自定义查询设置"界面的右下角点击"高级"按钮，"自定义查询设置"界面右侧会显示系统事件查询方式的保存和编辑的功能界面，在"已有查询方式"列表中列出了用户以前保存的查询方式，其中查询方式前的选择框被选中的表示为默认显示查询方式，如图 4-4-16 所示。

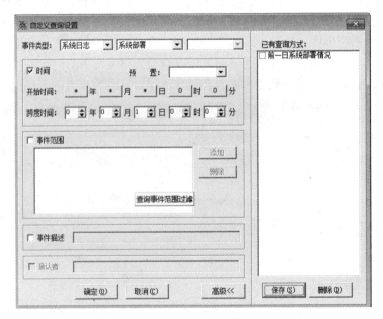

图 4-4-16　自定义查询"高级"设置

在打开"系统事件"界面时会根据默认查询方式的条件到数据库中进行查询，并把所查的结果显示到记录显示区内，如图 4-4-17 所示。

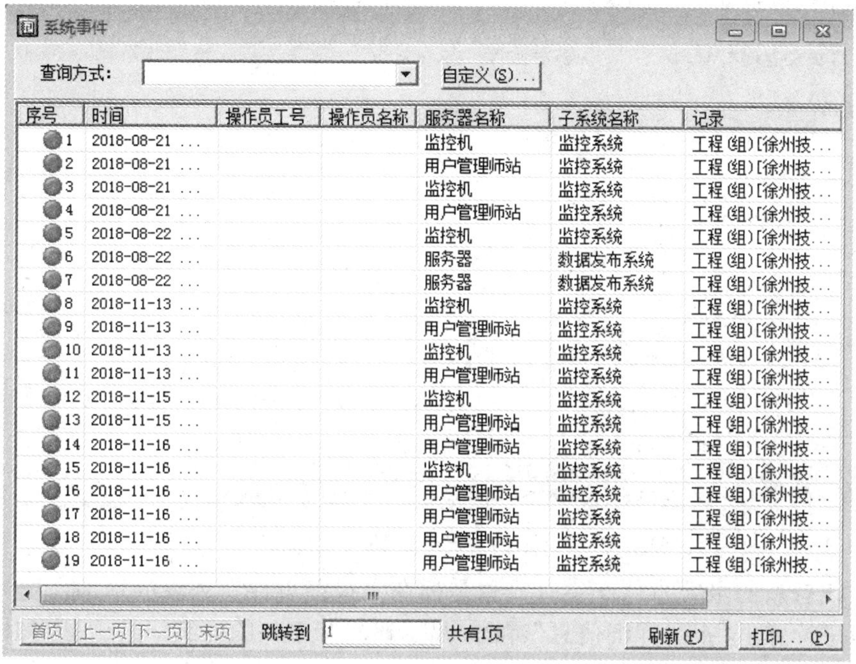

图 4-4-17　查看保存的系统事件

"系统日志"分为四种：系统部署、子系统投退、执行指令、数据后援。系统部署的含义为系统管理器向各后台服务器部署系统工程程序的时间和是否为部署成功的状态。子系统投退的含义为系统下各子系统部分的投入使用和退出的时间和原因。执行指令的含义为后台系统执行指令对现场设备的监控等操作的事件和时间。数据后援的含义为用户对历史数据的保存、导入、导出的操作和时间。

3) 报警查询功能

"报警事件"分为八种：①SOE 事件；②开关变位；③数值越限；④条件报警；⑤工况投退；⑤变量异常；⑦人工操作；⑧所有事件。

后台系统除了可以查询事件还提供完善的报警功能，可将报警信息进行分级，筛选重组，建立一个报警体系。根据不同的需要，报警分为不同的类型，并提供实时的画面报警或声音报警。用户在报警发生后立即查询报警的详细信息。

现场设备发生开关变位或装置异常后，主界面下方直接弹出对话框显示报警内容。报警的类型有：开关遥信变位、开关事故跳闸、设备异常或故障、微机保护动作、遥测越限、工况投退等，报警方式为画面报警或声音报警，如图 4-4-18 所示。

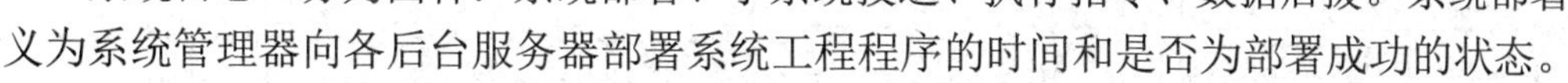

2021-04-14　14:03:13　二级　开关变位　徐州技师学院轨道交通牵引系统:XZJS　70　直流进线2 断路器合闸

图 4-4-18　画面报警

点击"确认"按钮，弹出"报警事件"界面，查看或确认所有报警，如图 4-4-19 所示。

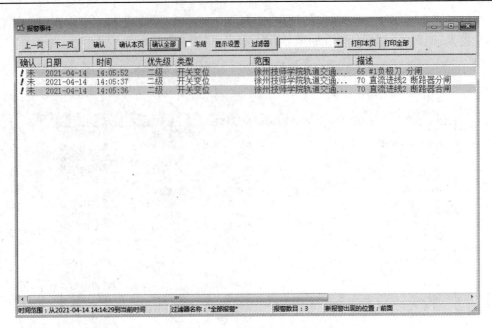

图 4-4-19 "报警事件"界面

当系统有新的报警事件产生时，总是插在"报警事件"列表的顶部，用户可以双击任一信息行弹出"报警详细信息"界面，显示该报警事件的详细记录信息，如图 4-4-20 所示。

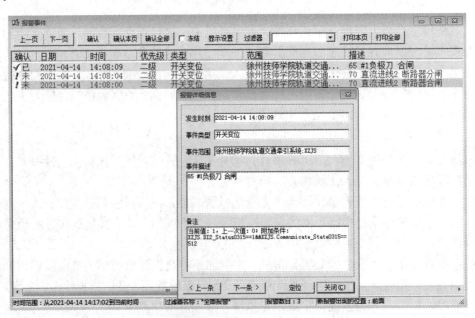

图 4-4-20 报警详细信息

ISCS 科目训练演示讲解

1. ISCS 系统控制台一共分为哪五个主要界面？远程控制变电所设备在哪个界面操作？

(1) 牵引降压混合所一次系统图界面。

(2) 挂摘牌界面。

(3) 通讯/数据界面。

(4) 趋势曲线。

(5) 负载实验。

2. 叙述从 ISCS 工作站对牵引降压所设备送电的工作流程。

(1) "远程/就地"转换开关位置。

(2) 合闸顺序记录。

(3) 加载额定负载时一次设备上的电压电流记录。

3. 当母线故障、馈线故障、框架泄漏故障时，进行一次设备跳闸现象记录，分析故障原因，恢复设备工作。

(1) 故障现象描述。

(2) 故障记录查询结果。

(3) 分析故障原因。

(4) 恢复正常运行工作状态步骤。

4. 说明事件报警查询功能的使用。

5. 进行通信故障的处理。

(1) 设置计算机网络的故障，相互 ping 对方的 IP 地址。

(2) 设置设备的通信故障，通过通讯/数据界面查找。

学生实训报告

＿＿＿＿＿＿～＿＿＿＿＿＿学期第＿＿学期

＿＿＿＿＿＿学院＿＿＿＿＿＿＿＿＿＿＿＿＿专业

实训课程					
学生姓名		班级		学号	
实训课题		指导教师			
实训时间		实训地点			
实训目的					
实 训 内 容					

ISCS 系统正常负载及故障测试

1. 叙述 ISCS 系统控制台主要界面及作用

2. 描述送电工作流程

(1) "远程/就地"转换开关位置：

(2) 合闸顺序记录：

(3) 加载额定负载时，一次设备上的电压电流记录：

3. 设置故障

(1) 故障现象描述：

(2) 故障记录查询结果:

(3) 分析故障原因:

(4) 恢复正常运行工作状态步骤:

4. 叙述事件报警查询功能的使用方法

5. 进行通信故障的处理

心得体会	

教师评语	签名: 年 月 日	成绩	

参 考 文 献

[1] 闫洪林，李选华，贾鹏飞. 城市轨道交通供电系统[M]. 上海：上海交通大学出版社，2018.

[2] 宁波市轨道交通集团有限公司运营分公司. 综合监控系统(ISCS)与电力监控系统(SCADA)维护员[M]. 成都：西南交通大学出版社，2017.

[3] 李国宁，刘伯鸿. 城市轨道交通综合监控系统及集成[M]. 成都:西南交通大学出版社，2011.

[4] 魏晓东. 城市轨道交通自动化系统与技术[M]. 2 版.北京：电子工业出版社，2011.

[5] 李漾. 机电设备检修工(综合监控系统检修)[M]. 北京：中国劳动社会保障出版社，2011.

[6] 李佑文，褚红健，王志心，等.基于事件驱动机制的轨道交通电力监控培训仿真系统设计[J]. 现代城市轨道交通，2018，06：75.

[7] 廖胜. 刍议轨道交通变电所综合自动化和电力监控[J]. 中国新技术新产品，2018，0，1：13.

[8] 王若昆，王锡奎. 短距离无线通信技术在城市轨道交通系统中的应用[J]. 科技经济导刊，2018，26(31):81.

[9] 王堃阳，于小强，张艳天. 自动化技术在城市轨道交通中的应用研究[J]. 电子技术与软件工程，2016(14)：145.